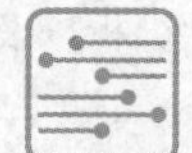

21世纪高等学校计
专业实用系列教材

数字图像处理及应用

张志佳 许茗 主　编
贾书军 田亮 魏翼如 王士显 唐非 副主编

清華大學出版社
北京

内 容 简 介

本书是作者依据多年来从事数字图像处理教学的体会，参考相关文献并结合实际科研应用案例编写而成的，概括地介绍了数字图像处理的基本概念、原理以及基础应用方法。

全书分为数字图像处理基础、数字图像运算、数字图像分析以及综合案例四大模块。首先引导读者学习并掌握关键知识点，然后通过实际案例回顾相关内容，帮助读者融会贯通，提高实践能力与创新能力。

本书面向的读者对象包括相关专业的研究生、高年级本科生，相关领域的从业者及对数字图像处理感兴趣的广大读者。

图书在版编目（CIP）数据

数字图像处理及应用 / 张志佳，许茗主编；贾书军等副主编. -- 北京 : 清华大学出版社，2024. 8.
(21 世纪高等学校计算机专业实用系列教材). -- ISBN 978-7-302-66963-0

Ⅰ. TN911.73

中国国家版本馆 CIP 数据核字第 2024MU1417 号

责任编辑：贾　斌　左佳灵
封面设计：刘　键
责任校对：王勤勤
责任印制：丛怀宇

出版发行：清华大学出版社
网　　址：https://www.tup.com.cn, https://www.wqxuetang.com
地　　址：北京清华大学学研大厦 A 座　　邮　　编：100084
社 总 机：010-83470000　　邮　　购：010-62786544
投稿与读者服务：010-62776969, c-service@tup.tsinghua.edu.cn
质 量 反 馈：010-62772015, zhiliang@tup.tsinghua.edu.cn
课 件 下 载：https://www.tup.com.cn, 010-83470236

印 装 者：河北鹏润印刷有限公司
经　　销：全国新华书店
开　　本：185mm×260mm　　印　　张：12.5　　字　　数：306 千字
版　　次：2024 年 8 月第 1 版　　印　　次：2024 年 8 月第 1 次印刷
印　　数：1～1500
定　　价：49.00 元

产品编号：098195-01

前言

数字图像处理是利用计算机对图像进行变换、复原、分割、分析、理解的理论和方法，是现代信息处理的主要技术和研究热点，应用广泛，正逐渐成为计算机视觉、模式识别等人工智能领域中不可或缺的主要技术和重要工具。

目前，“数字图像处理”已成为高校电子信息及计算机类专业的核心课程之一。本书依托编者多年实践教学经验，体现循序渐进、实用为先的编写理念，以现实需求为导向，将读者置于解决现实问题的情境当中。充分发挥校企合作优势，引入完整的实践案例，对数字图像处理应用的讲解更为系统，有助于读者学习并独立操作，力求帮助读者切实掌握数字图像处理专业知识，能够在学习后具备独立解决现实问题的能力。

全书分为四大模块共 13 章，前三大模块为数字图像处理基础、数字图像运算与数字图像分析，内容包括数字图像基础、彩色图像、图像基本运算、图像滤波运算、图像复原、数学形态学处理、图像分割、表示与描述、图像模式分类，循序渐进地带领读者学习并掌握关键知识点。在此基础上，第四模块为数字图像系统综合案例，内容包括答题卡识别、基于图像分割的车牌定位与识别、基于深度学习的车牌识别几个现实案例，引导读者回顾所学内容，查缺补漏，融会贯通，加深对处理算法的综合理解，提高实践能力。

本书第 1、2 章由张志佳编写，第 3、4、5、6 章由许茗编写，第 7、8、9、10 章由魏翼如编写，第 11、12、13 章由唐非、贾书军和田亮编写。全书由张志佳统稿，许茗和魏翼如对部分章节程序进行了整理。另外，贺继昌、郭玉婷、杨丽等研究生参与了部分文字的录入、插图和校对工作。在编写本书过程中参考了大量数字图像处理相关的书籍文献，编者对这些书籍文献的作者表示真诚的感谢。感谢沈阳美行科技股份有限公司和重庆海云捷迅科技有限公司在本书编写过程中给予的支持与帮助。

由于编者水平有限，书中难免存在不足和疏漏之处，恳请读者批评指正。

编　者

2024 年 4 月

目 录

第三部分 数字图像分析

第四部分 综合案例

第一部分　数字图像处理基础

第 1 章

概　述

CHAPTER 1

1.1 什么是数字图像处理

1.1.1 数字图像

21 世纪是一个充满信息的时代，图像作为人类感知世界的视觉基础，是人类获取信息、表达信息和传递信息的重要手段。数字图像处理技术已经成为信息科学、计算机科学、工程科学、生物科学、地球科学等学科研究的热点。

我们在生产、科研或日常生活中看到的场景图像，包含着物体“大量”的信息，通过感觉、知觉、记忆、认知、搜索等形成概念，直到最终识别和理解图像给我们所传达的信息。据统计，人类从自然界获取的信息中，视觉信息占 75%~85%。俗话说“百闻不如一见”，图像对有些场景或事物的描述可以做到“一目了然”。

“图”是物体透射或反射光的分布，是客观存在的。“像”是人的视觉系统对图的接收在大脑中形成的印象或反映。图像是图和像的有机结合，是客观世界能量或状态以可视化形式在二维平面上的投影，是其所表示物体的信息的浓缩和高度概括，是对客观存在的物体的一种相似性的生动模仿或描述。数字图像则是物体的数字表示，是以数字格式存放的图像，它是当前社会生活中最常见的一种信息媒体，它传递着物理世界事物状态的信息，是人类获取外界信息的主要途径。

简单地说，数字图像就是能够在计算机上显示和处理的图像，根据其特性可分为两大类——位图和矢量图。位图通常使用数字阵列来表示，常见格式有 BMP、PNG、JPG、GIF 等；矢量图由矢量数据库表示，通常机械设计与制造相关的 CAD、CAM 软件里的图形为矢量图。

我们可以将一幅图像视为一个二维函数 $f(x,y)$，其中 x 和 y 是空间坐标，而在 x-y 平面中的任意一对空间坐标 (x,y) 上的幅值 f 称为该点图像的灰度、亮度或强度。此时，如果 f、x、y 均为非负有限离散值，则称该图像为数字图像（位图）。

1.1.2 数字图像处理

数字图像处理又称为计算机图像处理，它是指将图像信号转换成数字信号并利用计算机对其进行处理的过程，以提高图像的实用性，达到人们所要求的预期结果。从处理的目的来讲主要有：

（1）提高图像的视觉质量，以达到更好的视觉效果；

（2）提取图像中所包含的某些特征或特殊信息，便于计算机分析；

（3）对图像数据进行变换、编码和压缩，便于图像的存储和传输。

数字图像处理分为三个层次：低层图像处理（狭义图像处理）、中层图像处理（图像分析）和高层图像处理（图像理解），如图 1.1 所示。

（1）低层图像处理。

低层图像处理（狭义图像处理）主要是对图像进行各种加工以改善图像的视觉效果或突出有用信息，并为自动识别打基础，或通过编码减少对其所需存储空间、传输时间或传输带宽的要求。低层图像处理的输入是图像，输出也是图像，是对图像中像素层面的计算与处理。

（2）中层图像处理。

中层图像处理（图像分析）主要是对图像中感兴趣的目标进行检测、分割和测量，以获得它们的客观信息，从而建立对图像中目标的描述，是一个从图像到数值或符号的过程。中层图像处理的输入是图像，输出是数据，是对图像中目标层面的计算与处理。

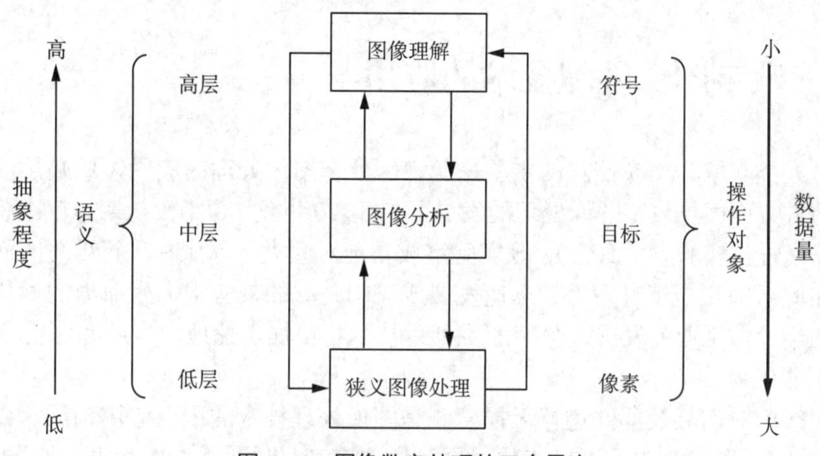

图 1.1　图像数字处理的三个层次

（3）高层图像处理。

高层图像处理（图像理解）是在中级图像处理的基础上，进一步研究图像中各目标的性质和它们之间的相互联系，并得出对图像内容含义的理解（对象识别）以及对原来客观场景的解释（计算机视觉），从而指导和规划行动。高级图像处理是以客观世界为中心，借助知识、经验等来把握整个客观世界。高层图像处理的输入是数据，输出是理解结果。

数字图像处理与模拟图像处理的根本不同在于，它不会因图像的存储、传输或复制等一系列变换操作而导致图像质量的退化，所以数字图像处理具有很好的再现性。按目前的技术，几乎可将一幅模拟图像数字化为任意大小的二维数组，现代扫描仪可以把每个像素的灰度等级量化为 16 位甚至更高，这意味着图像的数字化精度可以达到满足任一应用需求的处理精度。所处理的图像可以来自多种信息源，它们可以是可见光图像，也可以是不可见的波谱图像（如 X 射线图像、超声波图像或红外图像等），具有较宽的适用面。从图像反映的客观实体尺度看，可以小到电子显微镜图像，大到航空照片、遥感图像甚至天文望远镜图像。因此，数字图像处理具有以下特点：

（1）处理信息量很大。数字图像处理的信息大多是二维信息，如一幅 256×256 像素低分辨率黑白图像，要求约 64KB 的数据量；对中等分辨率真彩色 640×480 像素图像，则要求 7.37MB 的数据量；如果要处理 25fps 的电视图像序列，则每秒要求 184MB 的数据量。因此对计算机的计算速度、存储容量等要求较高。

（2）数字图像处理占用的频带较宽。与语音信息相比，数字图像处理占用的频带要大几个数量级。如电视图像的带宽约 5.6MHz，而语音带宽仅为 4kHz 左右。所以在成像、传输、存储、处理、显示等各个环节的实现上，技术难度较大，成本也高，这就对频带压缩技术提出了更高的要求。

（3）数字图像中各个像素相关性大。在图像画面上，经常有很多像素有相同或接近的灰度。就电视画面而言，同行中相邻两个像素或相邻两行间的像素，其相关系数可达 0.9 以上，而相邻两帧之间的相关性比帧内相关性还要大些。因此，图像处理中数据压缩的潜力很大。

1.2 数字图像处理技术的应用

图像是人类获取和交换信息的主要来源，因此，图像处理的应用领域必然涉及人类生活和工作的方方面面。数字图像处理的发展开始于 20 世纪 60 年代初期，首次获得实际应用是美国喷气推进实验室（JPL），该实验室成功地对大批月球照片进行处理。而数字图像处理技术在此后的几十年时间里，迅速发展成一门独立的具有强大生命力的学科，随着计算机技术和半导体工业的发展，数字图像处理技术将更加迅速地向广度和深度发展。

（1）工业工程。

在生产线中对产品及部件进行无损检测是图像处理技术的重要应用领域。该领域的应用从 20 世纪 70 年代起取得了迅速的发展，主要有产品质量检测、生产过程的自动控制、CAD/CAM 等。比如，在产品质量检测方面有食品质量检查、无损探伤、焊缝质量或表面缺陷检测等。又如，金属材料的成分和结构分析、纺织品质量检查、光测弹性力学中应力条纹的分析等。在电子工业中，用来检验印制电路板的质量、监测零件部件的装配等。在工业自动控制中，主要使用机器视觉系统对生产过程进行监视和控制，如港口的监测调度、交通管理、流水生产线的自动控制等。在计算机辅助设计和辅助制造方面，也获得越来越广泛的应用，并与基于图形学的模具、机械零件、服装、印染花型 CAD 结合。另外，也可在一些有毒、放射性环境内识别工件及物体的形状和排列状态，在先进的设计和制造技术中采用工业视觉等。图 1.2 和图 1.3 为工业工程方面应用的例子。

图 1.2　机器代替人进行作业

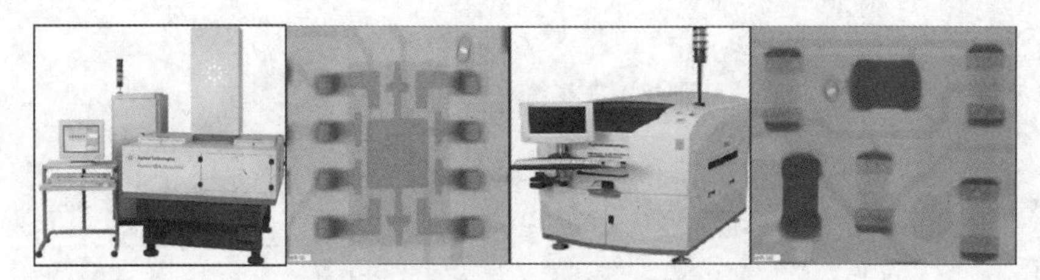

图 1.3　印制电路板零件及焊点检测

（2）通信工程。

当前通信的主要发展方向是声音、文字、图像和数据结合的多媒体通信，具体地讲是将电话、电视和计算机信号以三网合一的方式在数字通信网上传输。其中以图像通信最为复杂和困难，因为图像的数据量十分巨大，如传送彩色电视信号的速率达 100Mb/s 以上。要将这样高速率的数据实时传送出去，必须采用编码技术来压缩信息的比特量。在一定意义上讲，编码压缩是这些技术成败的关键。除了应用较广泛的熵编码、DPCM 编码、变换编码外，目前国内外正在大力开发研究新的编码方法，如分形编码、自适应网络编码、小波变换图像压缩编码等。图 1.4 ~ 图 1.7 为通信工程方面应用的例子。

图 1.4　手机电视

图 1.5　手机上网

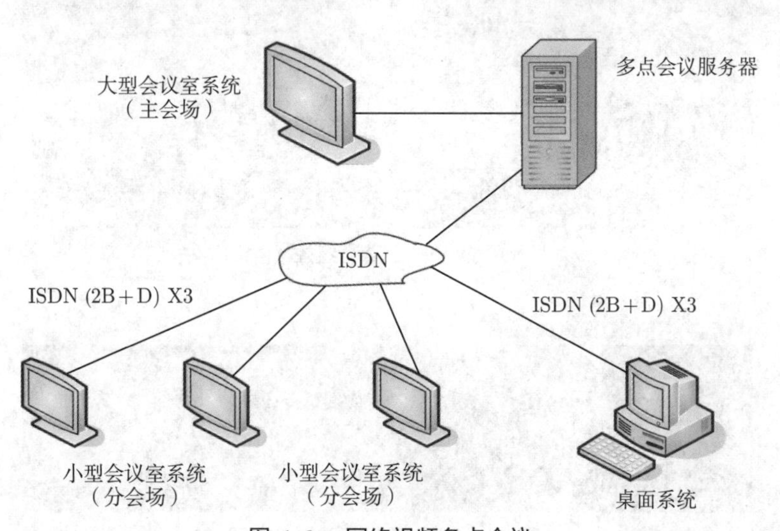

图 1.6　网络视频多点会议

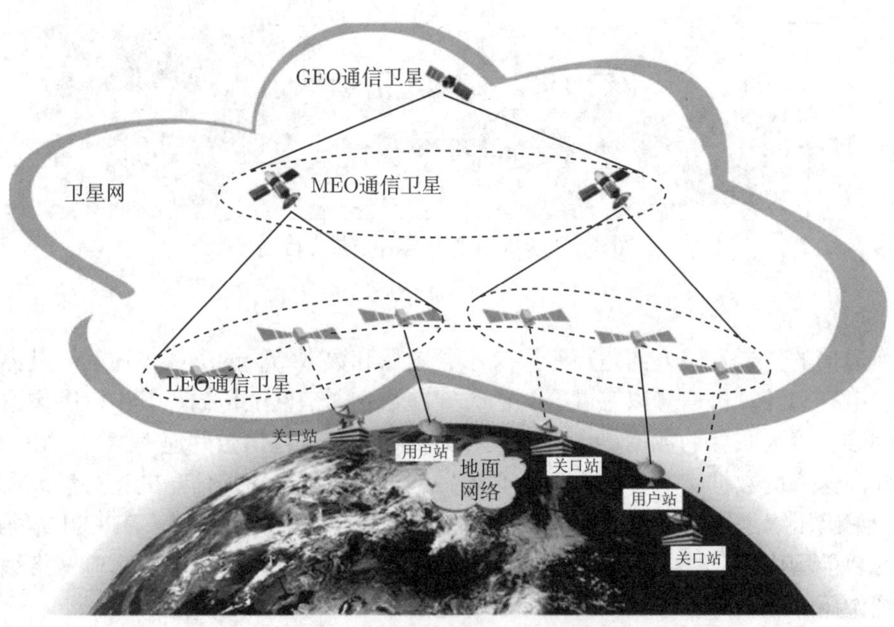

图 1.7 基于卫星的互联网系统

（3）军事安全。

在军事方面图像处理和识别主要用于导弹的精确制导，各种侦察照片的判读，具有图像传输、存储和显示的军事自动化指挥系统，飞机、坦克和军舰模拟训练系统等。在公安方面主要用于公安业务图片的判读分析、指纹识别、人脸鉴别、不完整图片的复原，以及交通监控、事故分析等。目前广泛应用在物业和园区门禁系统的车辆和车牌的自动识别都是图像处理技术成功应用的例子。图 1.8 ∼ 图 1.10 为军事、公安方面应用的例子。

图 1.8 交通监控

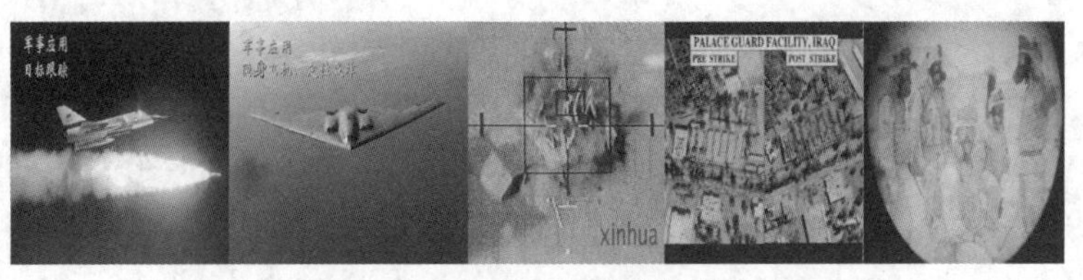

图 1.9 军事目标跟踪与定位

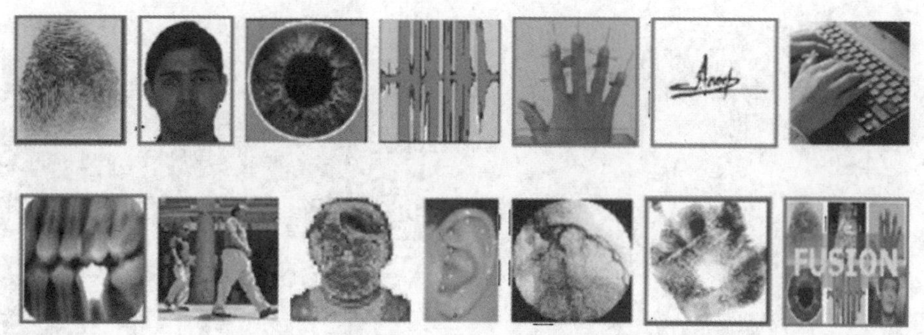

图 1.10 生物特征识别

（4）生物医学。

图像处理在医学界的应用非常广泛，无论是在临床诊断还是病理研究方面都大量采用图像处理技术，它的直观、无创伤、安全方便的优点受到普遍的欢迎与接受。其主要应用有 X 射线照片的分析、血球计数以及染色体分类等。目前广泛应用于临床诊断和治疗的各种成像技术，如超声波诊断等都用到图像处理技术。有人认为计算机图像处理在医学上应用最成功的例子就是 X 射线 CT（X-ray Computed Tomography）。1968—1972 年英国的 EMI 公司的 Hounsfeld 研制了头部 CT，1975 年又研制了全身 CT。其中主要研制者 Hounsfield（英）和 Commack（美）获得了 1979 年的诺贝尔生理学或医学奖。类似的设备目前已有多种，如核磁共振成像（NMRI, Nuclear Magnetic Resonance Imaging）。电阻抗成像（Electrical Impedance Tomography, EIT）和抗阻成像（Impedance Imaging），都是利用人体组织的电特性（阻抗、导纳、介电常数）形成人体内部的图像技术。我国的东软医疗系统股份有限公司近年来研发出 CT 机、超声设备、X 射线机、磁共振设备、分子影像成像设备等先进医疗设备。图 1.11 ~ 图 1.14 为生物医学方面应用的例子。

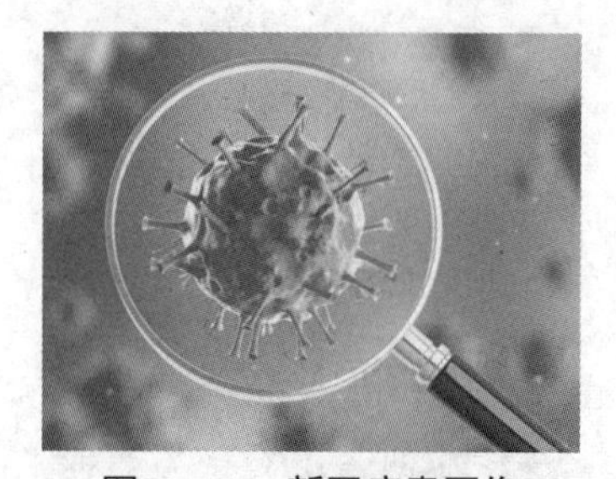

图 1.11 新冠病毒图像

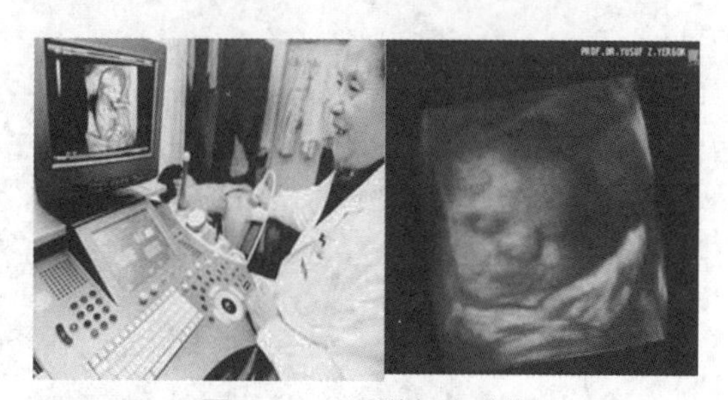

图 1.12 医学超声成像

（5）航空航天。

航空遥感和卫星遥感图像需要用数字技术加工处理，并提取有用的信息。主要用于地形地质、矿藏探查，森林、水利、海洋、农业等资源调查，自然灾害预测预报，环境污染监测，气象卫星云图处理及地面军事目标的识别，如航空航天中的月球和火星图像处理等。在航空遥感和卫星遥感技术中，对地球上感兴趣的地区进行空中摄影，对由此得来的照片进行处理分析，用配备有高级计算机的图像处理系统来判读分析，既节省人力，又加快了速度。图 1.15 和图 1.16 为航天和航空技术方面应用的例子。

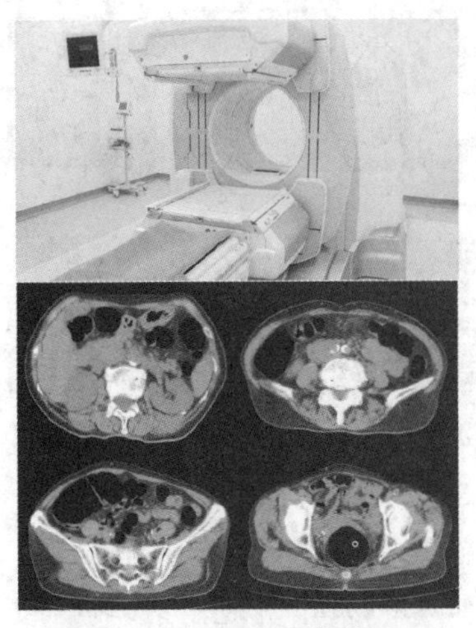

图 1.13　CT 图像处理

图 1.14　红外体温检测图像

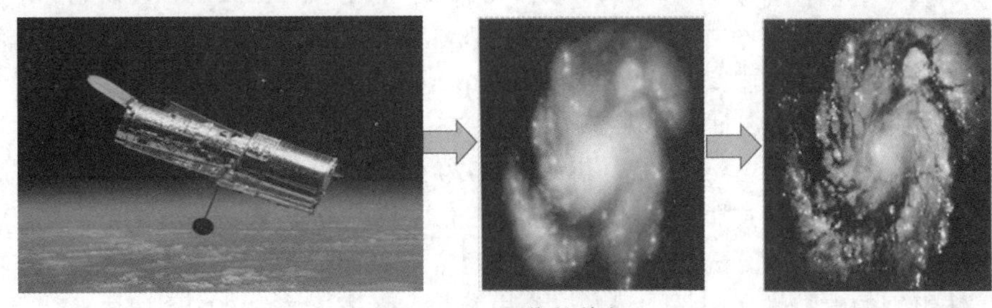

图 1.15　图像的修复

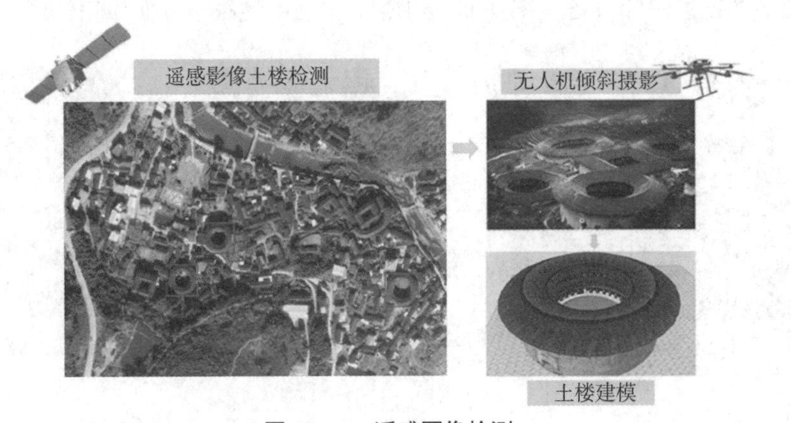

图 1.16　遥感图像检测

（6）文化艺术。

目前这类应用有电视画面的数字编辑，电影特技、动画的制作，电子图像游戏、广告、MTV、纺织工艺品设计，服装设计与制作，发型设计，文物资料照片的复制和修复，运动员动作分析和评分等，现在已逐渐形成一门新的艺术——计算机美术。图 1.17 为文化艺术方面应用的例子。

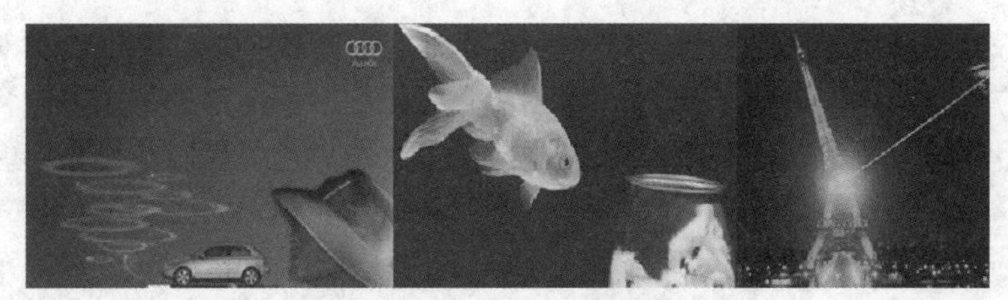

图 1.17　计算机广告图像合成

（7）其他方面。

在当前迅速发展的电子商务中，图像处理技术大有可为，如身份认证、产品防伪、水印技术等。另外，图像处理和图形学紧密结合，已经成为各领域的主要科学研究工具。

总之，数字图像处理应用领域相当广泛，已在国家安全、经济发展、日常生活中充当越来越重要的角色，对国计民生的作用不可低估。

1.3　数字图像处理的基本内容

本书分四部分对数字图像处理及应用进行介绍。本书的结构与章节安排，如图 1.18 所示。

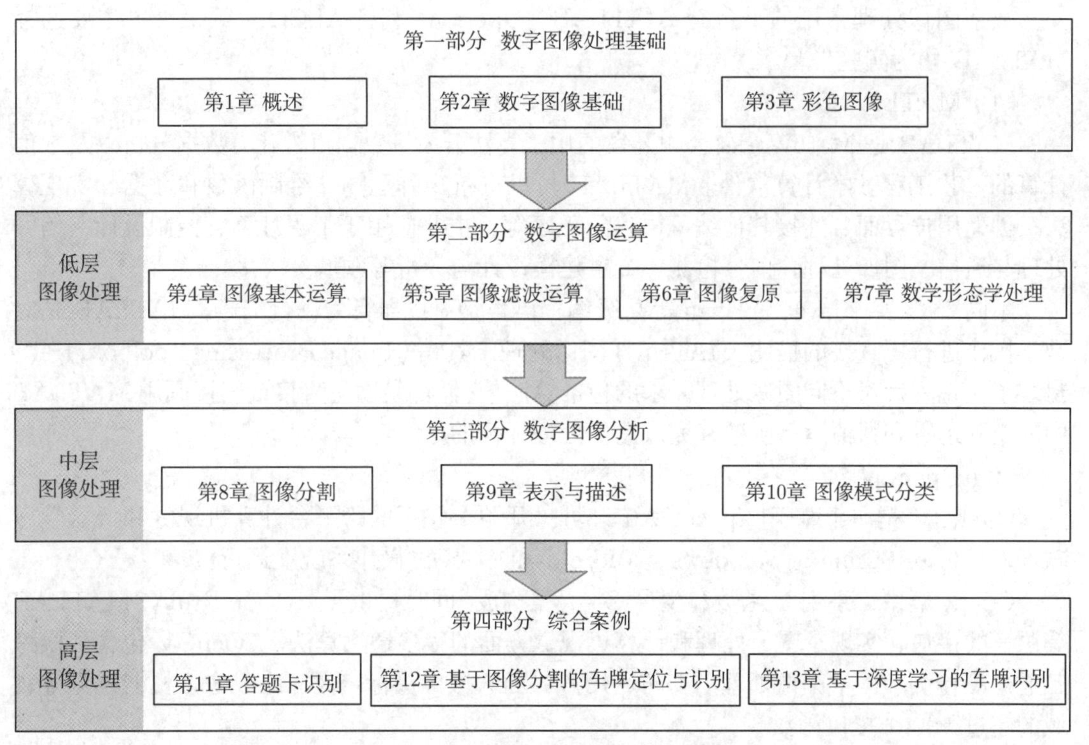

图 1.18　数字图像处理的基本内容

第一部分介绍了数字图像处理基础，包括第 1、第 2 和第 3 章。第 1 章对数字图像处理的概念、应用以及内容进行了概述。第 2 章介绍了数字图像基础，主要包含数字图像获取，采样与量化以及像素基本关系。第 3 章描述了常用彩色模型以及彩色图像与灰度图像的相互转换。

第二部分介绍了数字图像运算，包括第 4、第 5、第 6 和第 7 章。第 4 章描述了数字图像的算术运算、逻辑运算、空间运算、基本灰度变换和直方图处理。第 5 章描述了数字图像的空间滤波和频率滤波。第 6 章对图像复原的相关知识进行了介绍。第 7 章介绍了数学形态学基础以及二值图像和灰度图像的数学形态处理。

第三部分介绍了数字图像分析，包括第 8、第 9 和第 10 章。第 8 章描述了多种图像分割方法。第 9 章描述了多种图像表示方法。第 10 章对多种图像模式分类方法进行了介绍。

第四部分以综合案例的方式对数字图像处理技术进行了实例分析，包括第 11、第 12 和第 13 章。第 11 章介绍了答题卡的识别方法。第 12 章描述了基于图像分割的车牌识别方法。第 13 章描述了基于深度学习的车牌识别方法。

1.4 数字图像处理平台

数字图像处理常用的平台有 MATLAB、OpenCV 和 HALCON 等，本书主要选择 MATLAB 作为实验平台。

（1）MATLAB。

MATLAB 是 MathWorks 公司开发的用于算法开发、数据可视化、数据分析以及数值计算的一款工程教学计算软件。MATLAB 可以进行矩阵运算、绘制函数和数据、实现算法、创建用户界面、连接其他编程语言的程序等，主要应用于工程计算、控制设计、信号处理与通信、图像处理、信号检测、金融建模设计与分析等领域。

不同于 C++、Java、Fortran 等高级编程语言是对机器行为进行描述，MATLAB 是对数学操作进行更直接的描述。MATLAB 图像处理工具箱（Image Processing Toolbox，IPT）封装了一系列针对不同图像处理需求的标准算法，它们都是通过直接或间接调用 MATLAB 中的矩阵运算和数值运算函数来完成图像处理任务的。

（2）OpenCV。

OpenCV 是一个基于 Apache 2.0 许可（开源）发行的跨平台计算机视觉和机器学习软件库，可以在 Linux、Windows、Android 和 macOS 操作系统上运行。

OpenCV 由一系列 C 函数和少量 C++ 类构成，同时提供了 Python、Ruby、MATLAB 等语言的接口，实现了图像处理和计算机视觉方面的很多通用算法。OpenCV 包含了横跨工业产品检测、医学图像处理、安防、用户界面、摄像头标定、三维成像、机器视觉等领域的超过 500 个接口函数。

（3）HALCON。

HALCON 是德国 MVtec 公司开发的一套完善的、标准的机器视觉算法包，拥有应用广泛的机器视觉集成开发环境。HALCON 灵活的架构便于机器视觉、医学图像和图像分析应用的快速开发。HALCON 包含了各类滤波、数学转换、形态学计算分析、分类辨识以及形状搜寻等基本的几何以及影像计算功能。HALCON 的应用范围几乎没有限制，涵盖医学、遥感探测、监控以及工业上的各类自动化检测。

HALCON 支持 Windows、Linux 和 macOS 操作环境。整个函数库可以用 C、C++、C#、Visual Basic 和 Delphi 等多种编程语言访问。HALCON 为大量的图像获取设备提供接口，保证了硬件的独立性。

第2章

数字图像基础

CHAPTER 2

2.1　人类的视觉感知系统

（1）基本构造。

人的视觉系统由眼球、神经系统及大脑的视觉中枢构成。眼睛包含三层薄膜，最外层是角膜和巩膜。角膜是硬而透明的组织，它覆盖在眼睛的前表面。巩膜与角膜连在一起，它是一层不透明的膜，包围着眼球剩余的部分。

巩膜的里面是脉络膜，脉络膜表面着色很深，因此，有利于减少进入眼内的外来光和光在眼球内的反射。脉络膜的前边分为睫状膜和虹膜，虹膜的中间开口处是瞳孔，瞳孔的大小是可变的，虹膜的收缩和扩张控制着允许进入眼内的光量。

眼睛最里层的膜是视网膜，它布满了整个眼睛后部的内壁。当眼球被适当地聚焦时，从眼睛外部物体来的光就在视网膜上成像。

（2）眼睛中图像的形成。

眼睛中的光接收器主要是视觉细胞，它包括锥状体和杆状体。中央凹（或称中心窝）部分特别薄，这部分没有杆状体，只密集地分布着锥状体。锥状体具有辨别光波波长的能力，因此对颜色十分敏感，有时它被称作白昼视觉。

杆状体比锥状体的灵敏度高，在较暗的光线下就能起作用。但是，它没有辨别颜色的能力，有时又称它为夜视觉。正因为两种视觉细胞具有不同特点，所以人们看到的物体在白天有鲜明的色彩，而在夜里却看不到颜色。

眼睛的晶状体和普通光学透镜之间的主要差别在于前者的适应性更强。晶状体前表面的曲率半径大于后表面的曲率半径。晶状体的形状由睫状体韧带和张力来控制，为了对远方的物体聚焦，控制肌肉使晶状体相对比较扁平。同样，为了对眼睛近处的物体聚焦，肌肉会使晶状体变得较厚。当晶状体的折射能力由最小变到最大时，晶状体的聚焦中心与视网膜间的距离由 17mm 缩小到 14mm。当眼睛聚焦到距离大 3m 的物体时，晶状体的折射能力最弱。当眼睛聚焦到非常近的物体时，晶状体的折射能力最强。这一信息的获取使得计算出任何图像在视网膜上形成图像的大小变得容易，例如，图 2.1 所示为观察者正在看一棵高 15m、距离 100m 的树。如果 h 为物体在视网膜上图像的高，单位为 mm，由图 2.1 的几何形状可以得出 $15/100 = h/17$，$h = 2.55\text{mm}$。视网膜图像主要反射在中央凹区域上，由光接收器的相应刺激作用产生感觉。感觉把辐射能转变为电脉冲，最后由大脑解码。

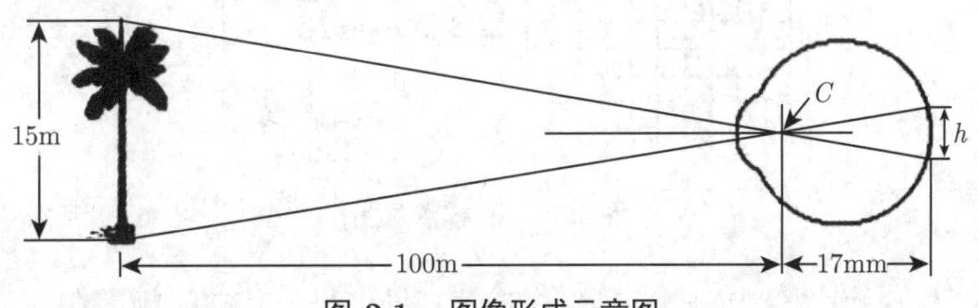

图 2.1　图像形成示意图

（3）视觉过程。

视觉是人类的重要功能，视觉过程是一个非常复杂的过程。概括地讲，视觉过程有三个步骤：光学过程、化学过程和神经处理过程，如图 2.2 所示。

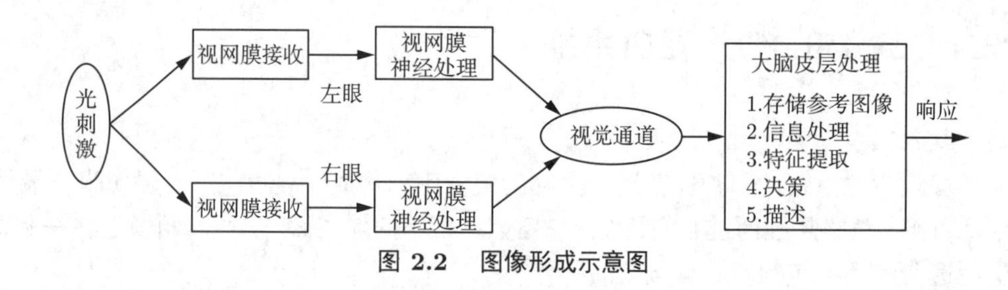

图 2.2 图像形成示意图

从图 2.2 中可以看出，人的视觉过程就是当人眼接收光刺激时，首先产生条件反射，由视网膜神经进行处理。视网膜可看作是一个化学实验室，将光学图像通过化学反应转换成其他形式的信息。在视网膜各处产生的信号强度反映了场景中对应位置的光强度。随后图像信号通过视觉通道反映到人脑皮层，大脑皮层做出相应的处理：存储图像、信息处理、特征提取、决策和描述。最终在经过上述信号转换、信息处理后，人体做出反应。

2.2 数字图像获取

数字图像获取即图像的数字化过程，主要包括采样和量化。

图像获取设备由五部分组成：采样孔、扫描机构、光传感器、量化器和输出存储体。图像获取设备有黑白摄像机、彩色摄像机、扫描仪、数码相机等，还有其他一些专用设备，如显微摄像设备、红外摄像机、高速摄像机、胶片扫描器等。此外，遥感卫星、激光雷达等设备提供其他类型的数字图像。其关键技术有采样–成像技术、量化–模数转换技术。

（1）图像的采样。

将空间上连续的图像变换成离散点的操作称为采样，如图 2.3 所示，每个位置的采样点称为像素点，简称为像素或像元（Pixel）。采样孔径的形状和大小与采样方式有关。采样孔径有圆形或方形等。采样间隔和采样孔径的大小是两个很重要的参数，它们确定了图像的空间分辨率。

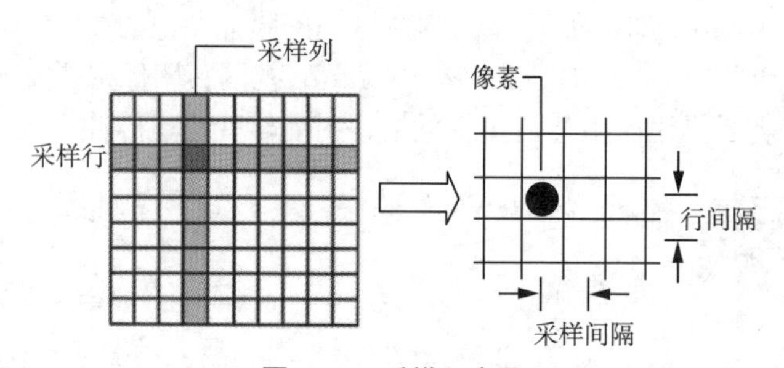

图 2.3 采样示意图

二维采样定理：设图像 $f(x,y)$ 是一个连续二维信号，其空间频谱在 x 方向具有截止频率 f_{xc}，在 y 方向具有截止频率 f_{yc}。所谓采样是对 $f(x,y)$ 乘以空间采样函数：

$$s(x,y)=\sum_{i=-\infty}^{+\infty}\sum_{j=-\infty}^{+\infty}\delta(x-i\Delta_x,y-j\Delta_y) \tag{2.1}$$

其中，Δ_x 和 Δ_y 分别为 x、y 两个方向的采样间隔，式 (2.1) 为脉冲函数 $\delta(x,y)$ 沿 x、y 两个方向的展开，即

$$f_s(\Delta_x,\Delta_y)=f(x,y)\cdot s(x,y)=\sum_{i=-\infty}^{+\infty}\sum_{j=-\infty}^{+\infty}f(i\Delta_x,j\Delta_y)\delta(x-i\Delta_x,y-j\Delta_y) \tag{2.2}$$

只有在 $i\Delta_x$ 和 $j\Delta_y$ 的采样点上，f_s 才有数值。为使采样后的信号 $f_s(\Delta_x,\Delta_y)$ 能完全恢复原来的连续信号 $f(x,y)$，采样间隔 Δ_x 和 Δ_y 就必须满足：

$$\begin{cases}\Delta_x \leqslant \dfrac{1}{2f_{xc}}\\[2ex] \Delta_y \leqslant \dfrac{1}{2f_{yc}}\end{cases} \tag{2.3}$$

在采样时，若横向的像素数（列数）为 M，纵向的像素数（行数）为 N，则图像总像素数为 $M\times N$。一般来说，采样间隔越大，所得图像像素数越小，空间分辨率越低，质量越差，严重时出现马赛克效应；采样间隔越小，所得图像像素数越大，空间分辨率越高，图像质量越好，但数据量越大。图 2.4 显示了通过不同的采样点数对图像进行采样时，出现不同的效果，原始图像分辨率为 256×256 像素，在采样为 128×128 像素时图像质量没有明显变化，但在采样为 64×64 像素时图像质量明显下降，在采样为 8×8 像素时图像完全模糊。因此采样间隔的大小严重影响着图片的质量。

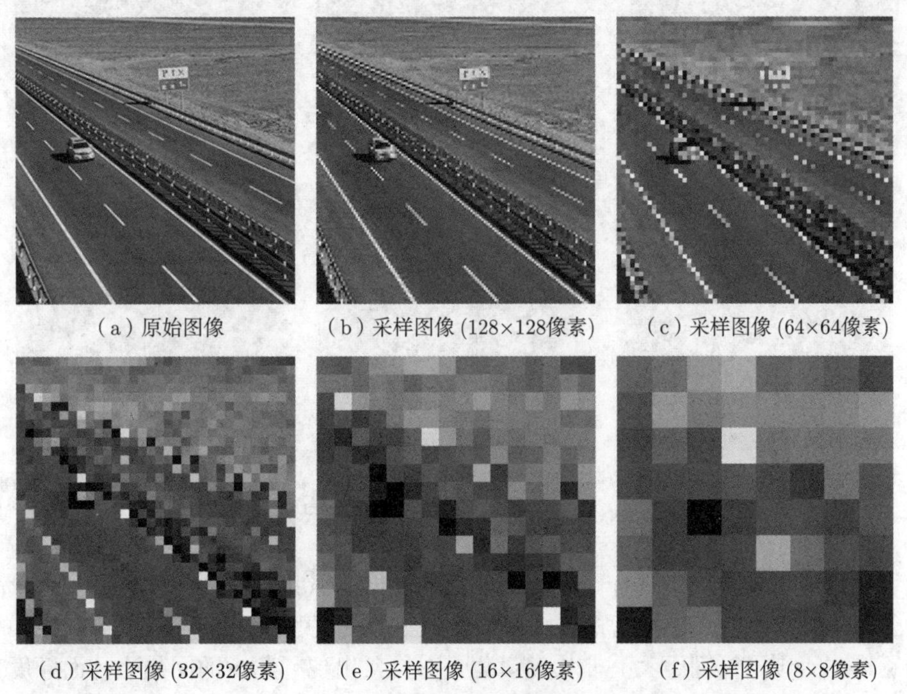

（a）原始图像　（b）采样图像 (128×128像素)　（c）采样图像 (64×64像素)

（d）采样图像 (32×32像素)　（e）采样图像 (16×16像素)　（f）采样图像 (8×8像素)

图 2.4　图像的不同采样效果示例

（2）图像的量化。

图像经采样后被分割成空间上离散的像素，但其灰度是连续的，还不能用计算机进行处理。将像素灰度转换成离散的整数值的过程叫作量化。一幅数字图像中不同灰度值的个数称为灰度级数，用 G 表示。若一幅数字图像的量化灰度级数 $G=256=2^8$，灰度取值范围一般是 0~255 的整数，由于用 8bit 就能表示灰度图像像素的灰度值，因此常称为 8bit 量化。从视觉效果来看，采用大于或等于 6bit 量化的灰度图像，视觉上就能令人满意。

一幅大小为 $M\times N$ 像素、灰度级数为 $G=2^8$ 的图像的数据量大小为 $M\times N\times G$（bit），量化等级越多，所得图像层次越丰富，灰度分辨率越高，图像质量就越好；反之，量化等级越少，图像层次越欠丰富，灰度分辨率越低，会出现假轮廓现象，图像质量变差，但数据量越小。仅在极少数情况下对于固定的图像大小，减少灰度级能改善质量，这主要是由于减少灰度级一般会增加图像对比度。图 2.5 显示了不同的量化等级所对应的图像效果，其中图 2.5（a）是量化等级为 $G=256$ 的原始图像。图 2.5（b）、图 2.5（c）、图 2.5（d）、图 2.5（e）、图 2.5（f）的量化等级分别为 $G=64$、$G=32$、$G=16$、$G=4$、$G=2$。很显然量化等级对图像的质量影响是非常大的，所以在对图像进行量化时要根据情况选择合适的量化等级。

（a）原始图像（G=256）　（b）量化图像（G=64）　（c）量化图像（G=32）

（d）量化图像（G=16）　（e）量化图像（G=4）　（f）量化图像（G=2）

图 2.5　图像的不同量化等级示例

数字化方式可分为均匀采样、量化和非均匀采样、量化。所谓“均匀”，指的是采样、量化为等间隔。非均匀采样是指根据图像细节的丰富程度改变采样间距。细节丰富的地方，采样间距小，否则采样间距大。非均匀量化是对像素出现频度少的间隔大，而频度大的间隔小。实际应用中，当限定数字图像的大小时，采用以下原则可得到质量较好的图像。

① 对缓变的图像，应细量化、粗采样，以避免假轮廓。

② 对细节丰富的图像，应细采样、粗量化，以避免模糊（混叠）。

在采样与量化处理后，才能产生一幅数字化的图像，然后设计各种图像处理算法并安装在计算机上，实现不同的图像处理与分析的目的。

2.3　数字图像表示

数字图像在计算机中通常采用二维矩阵表示和存储，原始图像在水平方向和垂直方向被等间隔地分割成大小相同的网格（Grid），其中每一个小方格即为数字图像像素，如图 2.6 所示。像素是构成图像的最小基本单元，图像的每一像素都具有独立的属性，其中最基本的属性包括像素位置和灰度值两个属性。位置由像素所在的行和列的坐标值决定，通常以像素的位置坐标（x，y）表示，像素的灰度值即该像素对应的光学亮度值。

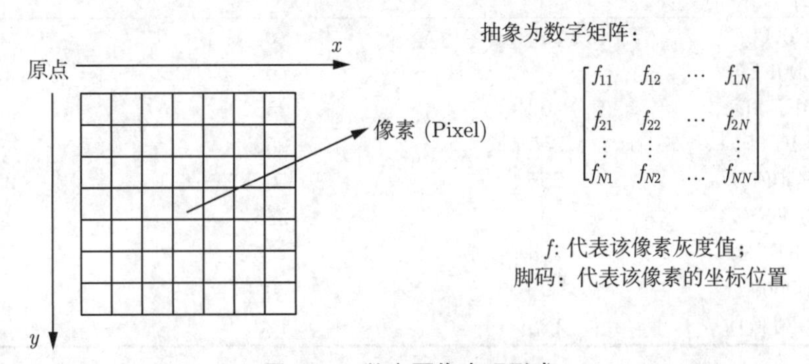

图 2.6　数字图像表现形式

在计算机中，按照颜色和灰度的取值可以将数字图像分为四种基本类型：二值图像、灰度图像、RGB 图像以及索引图像。

（1）二值图像。

每像素只可取黑、白两种颜色的图像称为二值图像。在二值图像中，像素只有 0 和 1 两种取值，一般用 0 来表示黑色，用 1 表示白色。二值图像的灰度值也可以用数值 0 和 255 表示，用 0 代表黑色，用 255 代表白色。

（2）灰度图像。

在二值图像中进一步加入许多介于黑色与白色之间的颜色深度，就构成了灰度图像。这类图像通常显示为从最暗黑色到最亮的白色的灰度，每种灰度（颜色深度）称为灰度级，通常用 L 表示。在灰度图像中，像素可以取 $0 \sim L-1$ 之间的整数值，根据保存灰度数值所使用的数据类型的不同，可能有 256 种取值或者 2^k 种取值，当 k=1 时退化为二值图像。

（3）RGB 图像。

众所周知，自然界中几乎所有颜色都可以由红（R，Red）、绿（G，Green）、蓝（B，Blue）3 种颜色组合而成，通常称它们为 RGB 三原色。计算机显示彩色图像时采用最多的就是 RGB 模型。对于每像素，通常控制 R、G、B 三原色的合成比例来决定该像素的最终显示颜色。

对于三原色 RGB 中的每种颜色，可以像灰度图那样使用 L 个等级来表示含有这种颜色成分的多少。例如，对于有 256 个等级的红色，0 表示不含红色成分，255 表示含有 100% 的红色成分。同样，绿色和蓝色也可以划分为 256 个等级。这样每种原色可以用 8 位二进制数据表示，于是三原色总共需要 24 位二进制数，这样能够表示出的颜色种类数目为 $256\times256\times256=2^{24}$，大约有 1600 万种，已经远远超过普通人所能分辨出的颜色数目。

RGB 颜色代码可以使用十六进制数以减少书写长度，按照两位一组的方式依次书写 R、G、B 三种颜色的级别。例如，0xFF0000 代表纯红色，0x00FF00 代表纯绿色，而 0x00FFFF 是青色（它是绿色和蓝色的和）。当 RGB 三种颜色的浓度一致时，所表示的颜色就退化为灰度，比如 0x808080 就是 50% 的灰色，0x000000 为黑色，而 0xFFFFFF 为白色。常见的 RGB 组合值如表 2.1 所示。

表 2.1　常见颜色的 RGB 组合值

颜色	R	G	B
红（0xFF0000）	255	0	0
蓝（0x0000FF）	0	0	255
绿（0x00FF00）	0	255	0
黄（0xFFFF00）	255	255	0
紫（0xFF00FF）	255	0	255
青（0x00FFFF）	0	255	255
白（0xFFFFFF）	255	255	255
黑（0x000000）	0	0	0
灰（0x808080）	128	128	128

（4）索引图像。

如果每像素都直接使用 24 位二进制数表示，图像文件的体积将变得十分庞大。例如，对一个长、宽各为 200 像素，颜色数为 16 的彩色图像，每像素都用 R、G、B 这 3 个分量表示，这样每像素由 3 字节表示，整个图像就是 $200\times200\times3=120$（KB）。这种完全未经压缩的表示方式浪费了大量的存储空间，下面简单介绍另一种更节省空间的存储方式：索引图像。

同样还是 200 像素 $\times200$ 像素的 16 色图像，由于这张图片中最多只有 16 种颜色，那么可以用一张颜色表（16×3 的二维数值）保存这 16 种颜色对应的 RGB 值，在表示图像的矩阵中使用这 16 种颜色在颜色表中的索引（偏移量）作为数据，写入相应的行列位置。例如，颜色表中第 3 个元素为 0xAA1111，那么在图像中所有颜色为 0xAA1111 的像素均可以由 $3-1=2$ 表示（颜色表索引下标从 0 开始）。如此，每一像素需要使用的二进制数就仅仅为 4 位（0.5 字节），整个图像只需要 $200\times200\times0.5=20$（KB）就可以存储，而不会影响显示质量。

上文所指的颜色表就是常说的调色板（Palette），另一种叫法是颜色查找表（LUT, Look Up Table）。Windows 位图中就应用调色板技术。其实不仅是 Windows 位图，许多其他的图像文件格式如 PCX、TIF、GIF 都应用了这种技术。

在实际应用中，调色板中通常不足 256 种颜色。在使用许多图像编辑工具生成图像或者编辑 GIF 文件时，系统常常会提示用户选择文件包含的颜色数目。当选择较小的颜色数目时，会有效地减小图像文件的大小，在一定程度上也会降低图像的质量。

使用调色板技术减小图像文件大小的条件是图像的像素数目相对较多，而颜色种类相对较少。如果一个图像中用到了全部的 24 位颜色，则对其使用颜色查找表技术完全没有意义，单纯从颜色角度对其进行压缩是不可能的。

2.4　像素基本关系

2.4.1　像素的邻域、连接和连通

像素的邻域分为三类：4 邻域、对角邻域和 8 邻域。对于以像素 P 为中心的九宫格而言，一个“加号”所涵盖的 4 像素被称为中心像素的 4 邻域，记作 N_4（P）；角落的 4 像素则是对角邻域，记作 N_D（P）；周围全部 8 像素称为中心像素的 8 邻域，记作 N_8（P），如图 2.7 所示。

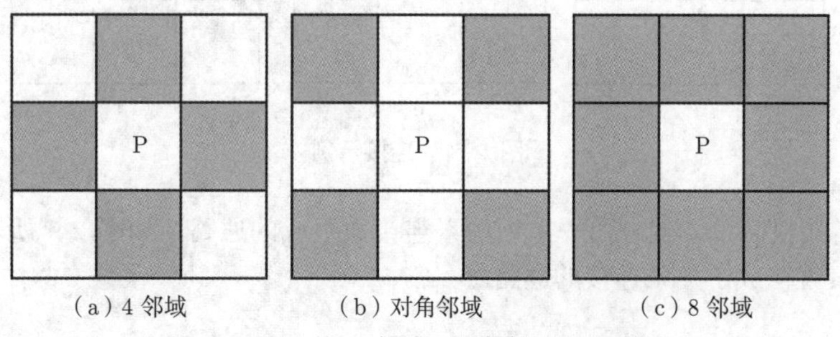

（a）4 邻域　（b）对角邻域　（c）8 邻域

图 2.7　P 的 4 邻域、对角邻域和 8 邻域

两像素为连接关系需要满足两个条件：一个是两像素位置相邻（邻接），另一个是两像素灰度值满足某个特定的相似准则，比如像素灰度值相等或者灰度值处于同一个预先设定的值域区间内。需要注意邻接与连接，邻接是指两像素位置相邻，而连接则需要满足两像素灰度值的要求。

在一般图像中，可定义一个值域 V，V 是 0 到 255 中的任一个子集。一般考虑三种连接。

4 连接：两像素 P 和 R 都在区间 V 内，且 R 属于 N_4（P）；

8 连接：两像素 P 和 R 都在区间 V 内，且 R 属于 N_8（P）；

m 连接：两像素 P 和 R 都在区间 V 内，且 R 属于 N_4（P）或者 R 属于 N_D（P）且 N_4（P）与 N_4（R）交集中的像素不在 V 中。

为了直观理解 4 连接、8 连接和 m 连接的区别，以图 2.8 为例，首先定义 $V=1$，并且假设 P、Q、R 的像素值都为 1。图 2.8（a）中，P 和 Q 是 m 邻接、8 邻接；Q 和 R 是 m 邻接、4 邻接；P 和 R 不邻接。图 2.8（b）中，P 和 Q 是 m 邻接、4 邻接；Q 和 R 是 m 邻接、4 邻接；P 和 R 是 8 邻接、但不是 m 邻接。图 2.8（c）中，P 和 Q 是 m 邻接、4 邻接；R 没有和 P 或 Q 邻接。图 2.8（d）中，P 和 Q 是 m 邻接、8 邻接；Q 和 R

是 m 邻接、8 邻接；P 和 R 不邻接。图 2.8（e）中，P 和 Q 是 m 邻接、8 邻接；Q 和 R 是 m 邻接、8 邻接；P 和 R 不邻接。图 2.8（f）中，P 和 Q 是 m 邻接、4 邻接；Q 和 R 是 m 邻接、4 邻接；P 和 R 不邻接。

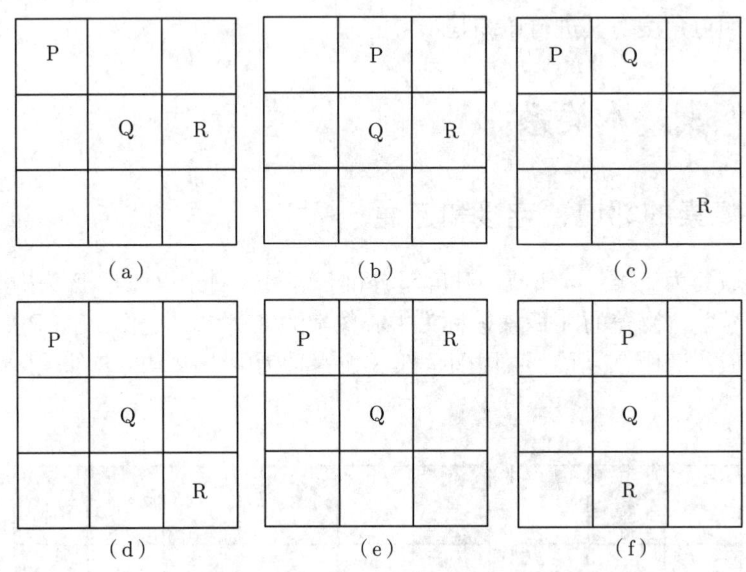

图 2.8　连接示例

连通的定义很简单，就是由一系列像素连接而组成的通路，如图 2.9 所示，所有像素值为 1 的元素就构成了一条连接的通路。

0	0	0	0	0	0	0	0
0	0	0	1	0	0	0	0
0	1	1	0	0	0	0	0
0	1	0	0	0	0	0	0
0	0	1	1	0	0	0	0
0	0	0	1	0	0	0	0
0	0	0	1	0	0	0	0
0	0	0	0	1	0	0	0

图 2.9　连通示例

连通的路线必须是唯一的，但 8 连接有时候会出现多条路都能走通的情况，这时候 m 连接就派上用场了。如图 2.10 所示，P→R 和 P→Q 路线都能走，此时规定必须要走 m 连接，那就只剩 P→R 路线了。因此，m 连接的实质就是：在像素间同时存在 4 连接和 8 连接时，优先采用 4 连接，并屏蔽 8 连接。

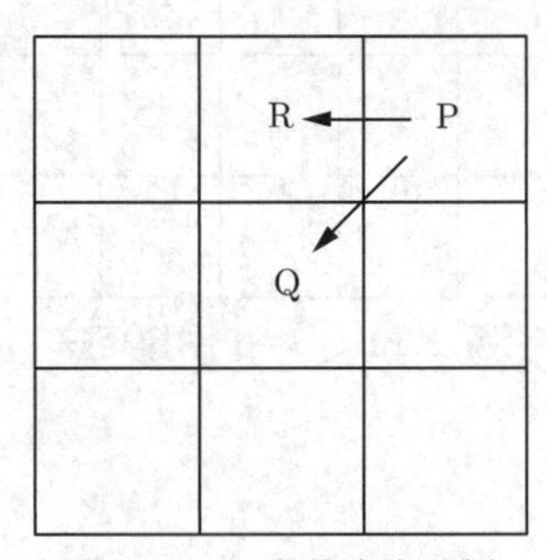

图 2.10　连通路线示例

2.4.2　像素间的距离

像素之间的联系常与像素在空间的接近程度有关。像素在空间的接近程度可以用像素之间的距离来度量。对于像素 $p(x_p, y_p)$、$q(x_q, y_q)$ 和 $z(x_z, y_z)$，若函数 D 满足如下三个条件，则函数 D 可被称为距离函数或度量：

（1）$D(p,q) \geqslant 0$，当且仅当 $p=q$ 时有 $D(p,q)=0$；

（2）$D(p,q)=D(q,p)$；

（3）$D(p,q)+D(q,z) \geqslant D(p,z)$。

常用的像素距离函数有欧氏距离 D_{e}、D_4 距离、D_8 距离。

欧氏距离，即直线距离公式：

$$D_{\mathrm{e}}(p,q)=\sqrt{(x_p-x_q)^2+(y_p-y_q)^2} \tag{2.4}$$

D_4 距离（城区距离，City-Block Distance），从一个像素出发，只能走横竖两个方向，不能走斜向，两个像素的距离就是横向加竖向的距离之和：

$$D_4(p,q)=|x_p-x_q|+|y_p-y_q| \tag{2.5}$$

D_8 距离（棋盘距离，Chess Board Distance），从一个像素到另一个像素可以横竖和斜向走的最短距离，就是横向或竖向的距离的最大值：

$$D_8(p,q)=\max(|x_p-x_q|,|y_p-y_q|) \tag{2.6}$$

如图 2.11 所示，在一个 5×5 像素的图像矩阵中，像素 P 的坐标为（1,1），像素 R 的坐标为（3,4），则像素 P 与 R 之间的欧氏距离为 $\sqrt{13}$，D_4 距离为 5，D_8 距离 3。

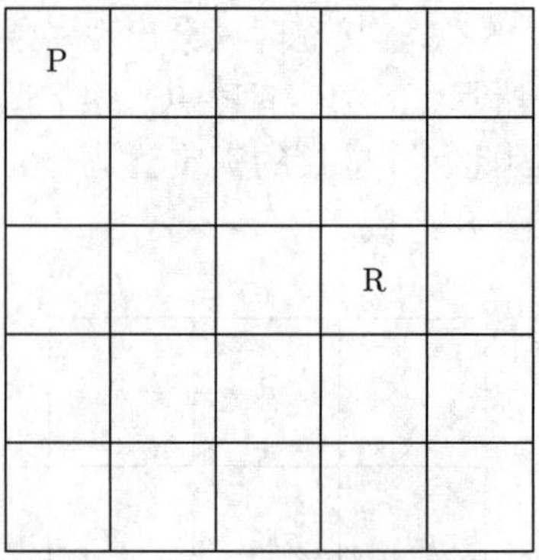

P				
			R	

图 2.11　5×5 图像矩阵

第3章

彩 色 图 像

CHAPTER 3

3.1 彩色基础

颜色是通过眼、脑和人们的生活经验所产生的一种对光的视觉效应。我们肉眼所见到的光线是由波长范围很窄的电磁波产生的，不同波长的电磁波表现为不同的颜色，对色彩的辨认是肉眼受到电磁波辐射能刺激后所引起的视觉神经感觉。

有一种三色加法模型的颜色处理方式只需要选定三原色，并且对三原色进行量化，就可以将人的颜色知觉量化为数字信号了。三色加法模型中，如果某一种颜色和另一种三色混合色给人的感觉相同，这三种颜色的分量就称为该颜色的三色刺激值。对于如何选定三原色、如何量化、如何确定刺激值等问题，一个位于欧洲的国际学术研究机构，国际照明委员会（Commission International De L'Eclairage，CIE），于 1931 年根据之前的实验成果提出了一套标准——CIE1931-RGB 标准色度系统。该系统选择了 700nm、546.1nm、435.8nm 三种波长的单色光作为三原色，分别为红色、绿色、蓝色，之所以选这三种颜色是因为比较容易精确地产生（由汞弧光谱滤波产生，色度稳定、准确）。

3.2 彩色模型

彩色模型就是用一组数值来描述颜色的数学模型。例如，最常见的 RGB 模型就是用 R、G、B 三个数值来描述颜色。通常颜色模型分为两类：设备相关和设备无关。

设备无关的颜色模型是基于人眼对色彩感知的度量建立的数学模型，例如 CIE-RGB、CIE-XYZ 颜色模型，再如由此衍生的 CIE-xyY、CIE-Luv、CIE-Lab 等颜色模型。这些颜色模型主要用于计算和测量。

最常见的 RGB 模型即为设备相关的颜色模型，一组确定的 RGB 数值在一个液晶屏上显示，最终会作用到三色 LED 的电压上。这样一组值在不同设备上解释时，得到的颜色可能并不相同。常见的设备相关模型有 RGB、HSI、HSV、CMYK、YUV 等，这类颜色模型主要用于设备显示、数据传输等。

下面介绍几种常用颜色模型。

（1）RGB 模型。

RGB 是一种加色模型，是用三种原色——红色、绿色和蓝色的色光以不同的比例相加，以产生多种多样的色光。RGB 模型的命名来自三种相加原色的首字母 [Red（红），Green（绿），Blue （蓝）]。RGB 颜色称为加成色，因为通过将 R、G 和 B 添加在一起（即所有光线反射回眼睛）可产生白色。加成色用于照明光、电视和计算机显示器。例如，显示器通过红色、绿色和蓝色荧光粉发射光线产生颜色。绝大多数可视光谱都可表示为红、绿、蓝三色光以不同比例和强度的混合。若这些颜色发生重叠，则产生青、品红和黄等不同颜色。

RGB 颜色模型的主要目的是在电子系统中检测、表示和显示图像，如电视和计算机，在传统摄影中也有应用。在电子时代之前，基于人类对颜色的感知，RGB 颜色模型已经有了坚实的理论支撑。在这种模式下有 16 种基本颜色：品红色、蓝色、青色、绿色、黄色、红色、紫色、深蓝色、鸭绿色、深绿色、橄榄色、栗色、黑色、灰色、银色和白色。

RGB 颜色模型映射到一个立方体上，如图 3.1 所示。水平的 x 轴代表绿色，向右增加。y 轴代表红色，向左下方向增加。竖直的 z 轴代表蓝色，向上增加。原点代表黑色，遮挡在立方体背面。RGB 色彩模式使用 RGB 模型为图像中每像素的 RGB 分量分配一个 0~255 范围内的强度值。RGB 图像只使用三种颜色，就可以使它们按照不同的比例混合，在屏幕上重现 16 777 216 种颜色。在 RGB 模式下，每种 RGB 成分都可使用从 0（黑色）到 255（白色）的值。例如，亮红色使用 R 值 255、G 值 0 和 B 值 0。当所有三种成分值相等时，产生灰色阴影。当所有成分的值均为 255 时，结果是纯白色；当该值为 0 时，结果是纯黑色。

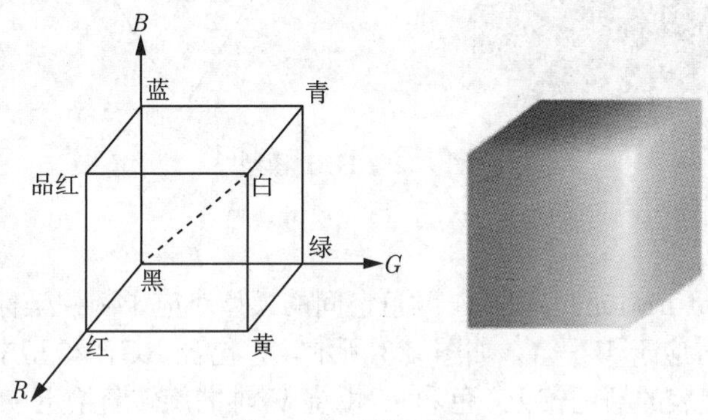

图 3.1　RGB 模型

（2）HSI 模型。

HSI（Hue，Saturation，Intensity）模型是从人的视觉系统出发，用色调（Hue）、色饱和度（Saturation）和亮度（Intensity）来描述色彩。色调是描述纯色（纯黄色、纯橙色或纯红色）的颜色属性，饱和度是一种纯色被白光稀释程度的度量，亮度是一个主观描述子，体现无色的强度概念。HSI 模型是基于彩色描述开发的用于图像处理算法的理想工具。

HSI 色彩空间可以用一个圆锥空间模型来描述，如图 3.2 所示。色彩空间的圆锥模型相当复杂，但却能把色调、亮度和色饱和度的变化情形表现得很清楚。在 HSI 色彩空间可以大大简化图像分析和处理的工作量。HSI 色彩空间和 RGB 色彩空间只是同一物理量的不同表示法，因此它们之间存在着转换关系。

RGB 空间转换 HSI 空间的公式如下：

$$H=\begin{cases}\arccos\left\{\dfrac{(R-G)+(R-B)}{2\sqrt{(R-G)^2+(R-B)(G-B)}}\right\}, & B\leqslant G\\[2ex] 2\pi-\arccos\left\{\dfrac{(R-G)+(R-B)}{2\sqrt{(R-G)^2+(R-B)(G-B)}}\right\}, & B>G\end{cases} \tag{3.1}$$

$$S=1-\frac{3}{R+G+B}\min\ (R,G,B)$$

$$I=\frac{R+G+B}{3}$$

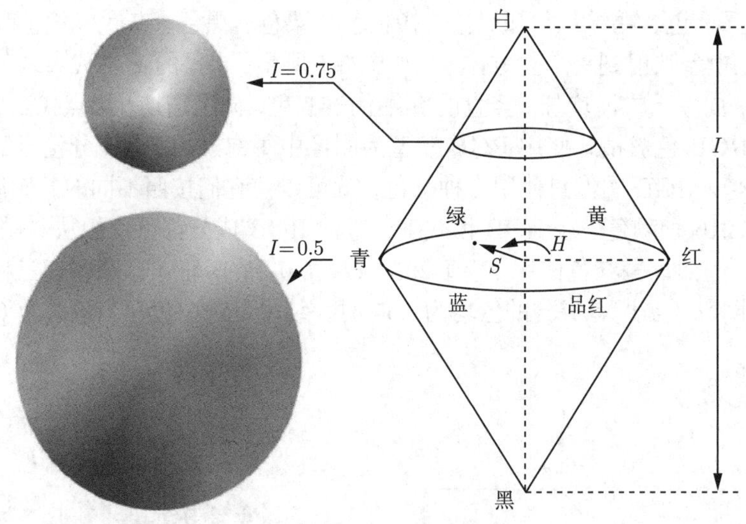

图 3.2 HSI 模型

（3）HSV 模型。

HSV（Hue，Saturation，Value）颜色空间的模型对应于圆柱坐标系中的一个圆锥形子集，圆锥的顶面对应于 $V = 1$，如图 3.3 所示。它包含 RGB 模型中的 $R = 1$，$G = 1$，$B = 1$ 三个面，所代表的颜色较亮。色彩 H 由绕 V 轴的旋转角给定。红色对应于角度 0°，绿色对应于角度 120°，蓝色对应于角度 240°。在 HSV 颜色模型中，每种颜色和它的补色相差 180°。饱和度 S 取值从 0 到 1，所以圆锥顶面的半径为 1。HSV 颜色模型所代表的颜色域是 CIE 色度图的一个子集，这个模型中饱和度为百分之百的颜色，其纯度一般小于百分之百。在圆锥的顶点（即原点）处，$V = 0$，H 和 S 无定义，代表黑色。圆锥的顶面中心处 $S = 0$，$V = 1$，H 无定义，代表白色。从该点到原点代表亮度渐暗的灰色，即具有不同灰度的灰色。对于这些点，$S = 0$，H 的值无定义。可以说，HSV 模型中的 V 轴对应于 RGB 颜色空间中的主对角线。在圆锥顶面的圆周上的颜色，$V = 1$，$S = 1$，这种颜色是纯色。

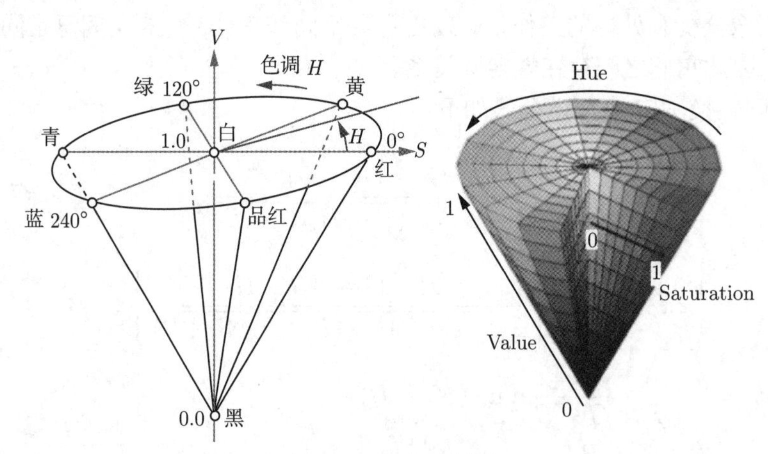

图 3.3 HSV 模型

RGB 空间转换 HSV 空间公式如下:

$$H=\begin{cases}\arccos\left\{\dfrac{(R-G)+(R-B)}{2\sqrt{(R-G)^2+(R-B)(G-B)}}\right\}, & B\leqslant G\\ 2\pi-\arccos\left\{\dfrac{(R-G)+(R-B)}{2\sqrt{(R-G)^2+(R-B)(G-B)}}\right\}, & B>G\end{cases}$$

$$S=\frac{\max\ (R,G,B)-\min\ (R,G,B)}{\max\ (R,G,B)}$$

$$V=\frac{\max\ (R,G,B)}{255} \tag{3.2}$$

（4）YUV 模型。

YUV 模型常使用在各个视频处理组件中，在对照片或视频编码时，考虑到人类的感知能力，允许降低色度的带宽。YUV 是编译 true-color 颜色空间（Color Space）的种类，Y′UV、YUV、YCbCr、YPbPr 等专有名词都可以称为 YUV，彼此有重叠。Y 表示明亮度（Luminance、Luma），U 和 V 则是色度、浓度（Chrominance、Chroma）。

在现代彩色电视系统中，通常采用三管彩色摄像机或彩色 CCD（点耦合器件）摄像机，它把摄得的彩色图像信号，经分色、分别放大校正得到 RGB，再经过矩阵变换电路得到亮度信号 Y 和两个色差信号 R-Y、B-Y，最后发送端将亮度和色差三个信号分别进行编码，用同一信道发送出去，这就是我们常用的 YUV 色彩模型。采用 YUV 模型的重要性是它的亮度信号 Y 和色度信号 U、V 是分离的。如果只有 Y 信号分量而没有 U、V 分量，那么这样表示的图就是黑白灰度图。彩色电视采用 YUV 模型正是为了用亮度信号 Y 解决彩色电视机与黑白电视机的兼容问题，使黑白电视机也能接收彩色信号。根据美国国家电视制式委员会 NTSC 制式的标准，当白光的亮度用 Y 来表示时，它和红、绿、蓝三色光的关系可用如下式的方程描述：

$$Y=0.30R+0.59G+0.11B$$

这就是常用的亮度公式。色差 U、V 是由 B-Y、R-Y 按不同比例压缩而成的。如果要由 YUV 模型转化成 RGB 模型，只要进行相反的逆运算即可。与 YUV 色彩模型类似的还有 Lab 色彩模型，它也是用亮度和色差来描述色彩分量，其中 L 为亮度、a 和 b 分别为各色差分量。

RGB 空间转换 YUV 空间公式如下：

$$\begin{bmatrix}Y\\U\\V\end{bmatrix}=\begin{bmatrix}0.299 & 0.587 & 0.114\\-0.148 & -0.289 & 0.437\\0.615 & -0.515 & -0.100\end{bmatrix}\begin{bmatrix}R\\G\\B\end{bmatrix} \tag{3.3}$$

3.3 色彩校正

通过图像传感器采集的图像颜色与真实场景之间仍存在差异。这其中存在多方面的原因，涉及图像传感器中光学器件的光谱性、场景的光源光照条件（如白光、荧光或者钨光）以及色彩滤镜的光谱特性。为了补偿这种差异，必须对图像进行色彩校正。

色彩校正的原理就是针对彩色图像在成像过程中的不足对彩色饱和度和彩色色调进行校正。

（1）彩色饱和度校正。

彩色饱和度校正（Color Saturation Correction）使得彩色图像的 RGB 彩色饱和度调整同彩色电视机的彩色控制有相似的作用。彩色饱和度校正是基于现代彩色电视机的 R-Y、G-Y 和 B-Y 彩色模型。其同 R、G 和 B 形式的关系如下：

$$R-Y=0.70R-0.59G-0.11B \tag{3.4}$$

$$G-Y=-0.30R+0.41G-0.11B \tag{3.5}$$

$$B-Y=-0.30R-0.59G+0.89B \tag{3.6}$$

其中，亮度分量 Y 的定义如下：

$$Y=0.31R+0.59G+0.11B \tag{3.7}$$

设饱和度校正系数为 Sa（一般指饱和度百分比），则校正后 R、G 和 B 各分量为

$$R'=(R-Y)\mathrm{Sa}+Y \tag{3.8}$$

$$G'=(G-Y)\mathrm{Sa}+Y \tag{3.9}$$

$$B'=(B-Y)\mathrm{Sa}+Y \tag{3.10}$$

其中，R'、G'、B' 分别为校正后的彩色分量。

（2）彩色色调校正。

色调校正同饱和度校正一样是基于现代彩色电视机的 R-Y、G-Y 和 B-Y 彩色模型。设色调校正系数为 α（旋转角度 α），则校正后 R、G 和 B 分量分别为

$$R'=(B-Y)\sin(\alpha)+(R-Y)\cos(\alpha)+Y \tag{3.11}$$

$$B'=(B-Y)\cos(\alpha)-(R-Y)\sin(\alpha)+Y \tag{3.12}$$

$$G'=-0.19(B-Y)-0.51(R-Y)+Y \tag{3.13}$$

其中，R'、G'、B' 分别为校正后的彩色分量。

只有校正了图像的色调范围，才能解决图像中彩色的不规则问题，如过饱和颜色和欠饱和颜色问题。

3.4 灰度图像与彩色图像

3.4.1 彩色图像到灰度图像

我们日常的环境通常获得的是彩色图像，很多时候我们常常需要将彩色图像转换成灰度图像。彩色图像变成灰度格式，需要去掉图像的颜色信息，用灰度表示图像的亮度信息。彩色图像每像素占 3 字节，而变成灰度图像后，每个像素占 1 字节，像素的灰度值是当前彩色图像像素的亮度，也就是 3 个通道（RGB）转换成 1 个通道。常用的将彩色图像转为灰度图像的方法有平均法、最大最小平均法以及加权平均法。

（1）平均法。

平均法非常简单，将同一个像素位置 3 个通道 RGB 的值进行平均，其公式如下：

$$I(x,y)=\frac{I_B(x,y)+I_G(x,y)+I_R(x,y)}{3} \tag{3.14}$$

（2）最大最小平均法。

最大最小平均法是取同一个像素位置的 RGB 中亮度最大的和最小的进行平均，其公式如下：

$$I(x,y)=0.5\max\ (I_B(x,y)+I_G(x,y)+I_R(x,y))+0.5\min\ (I_B(x,y)+I_G(x,y)+I_R(x,y)) \tag{3.15}$$

（3）加权平均法。

加权平均法是使用非常广泛的方法，加权系数 0.3、0.59、0.11 是根据人的亮度感知系统调节出来的参数，是个广泛使用的标准化参数，其公式如下：

$$I(x,y)=0.30I_B(x,y)+0.59I_G(x,y)+0.11I_R(x,y) \tag{3.16}$$

3.4.2 灰度图像到彩色图像

灰度图像到彩色图像变换，需要将彩色图像中每个像素三个分量设置成相应的灰度值，即三个分量的值相等。因此，灰度图像变彩色图像只是在格式上变成了彩色，并没有真正的颜色信息，其本质是伪彩色图像处理。

伪彩色图像处理是根据特定的准则对灰度值赋予彩色的处理，将黑白图像变成彩色图像，也可以将原有彩色图像变换成给定彩色分布的图像。伪彩色图像处理的主要目的是提高人眼对图像的细节分辨能力。由于人眼对彩色的分辨能力远远高于对灰度的分辨能力，所以将灰度图像转化成彩色表示，就可以提高对图像细节的分辨力。伪彩色图像处理的基本原理是将黑白图像或者单色图像的各个灰度级匹配到彩色空间的一点，为图像中的不同灰度级赋予不同的颜色，从而使单色图像映射到彩色图像。伪彩色虽然能将黑白灰度转为彩色，但这种彩色并不是真正表现图像的原始颜色，而仅仅是一种便于识别的伪彩色。伪彩色图像处理主要包括强度分层技术和灰度值到彩色变换技术。

（1）强度分层。

强度分层也称为灰度分层或灰度分割。将灰度图像按照灰度值范围划分为不同的层级，然后给每个层级赋予不同的颜色，从而增强不同层级的对比度。强度分层技术将灰度图像转换为伪彩色图像，且伪彩色图像的颜色种类数目与强度分层的数目一致。

最简单的对于一张灰度图像，每个像素点都对应一个灰度值。我们在灰度轴设置一个阈值，低于该阈值的像素点对应一种颜色，高于该阈值对应另一种颜色（理解为将图像二值化），如图 3.4 所示。

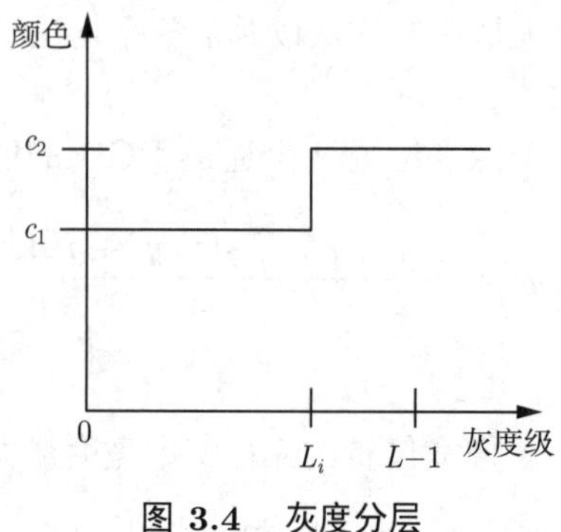

图 3.4　灰度分层

该方法具有简单易行、便于软件和硬件实现的优点，但同时存在变换出的彩色数目有限的缺点。主要应用在遥感、医学图像处理中。

（2）灰度值到彩色变换。

彩色图像有三个通道（RGB），而灰度图像只有一个通道。灰度值到彩色变换首先是对任何像素的灰度值进行 3 个独立的变换，然后将 3 个变换结果分别作为伪彩色图像的红、绿、蓝通道的亮度值。变换函数可以根据特定的情况进行调制。

具体来说这一方法的基本思路是对任何输入像素的灰度执行 3 个独立的变换，如图 3.5 所示，然后将 3 个变换结果分别送入彩色电视监视器的红、绿、蓝通道，从而产生一幅合成图像，该合成图像的彩色内容由变换函数的特性调制。

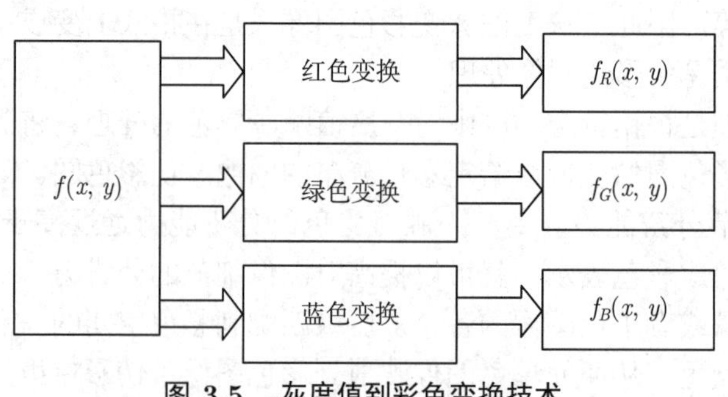

图 3.5　灰度值到彩色变换技术

与强度分层技术相比，灰度值到彩色变换技术更通用，虽然比强度分层技术复杂，但可以得到具有多种颜色渐变的连续彩色图像。

参考文献

[1] Gonzalez R C, Woods R E. 数字图像处理 [M]. 3 版. 北京: 电子工业出版社, 2017.
[2] 蔡利梅, 王李娟. 数字图像处理使用 MATLAB 分析与实现 [M]. 北京: 清华大学出版社, 2019.
[3] 朱立东, 张勇, 贾高一. 关于卫星互联网路由技术的现状及展望 [J]. 通信学报, 2021, 42(8):33-42.
[4] 杨杰, 黄朝兵. 数字图像处理及 MATLAB 实现 [M]. 北京: 电子工业出版社, 2010.
[5] 张铮, 王艳平, 薛桂香. 数字图像处理与机器视觉 [M]. 北京: 人民邮电出版社, 2010.
[6] 秦襄培, 郑贤中. MATLAB 图像处理宝典 [M]. 北京: 电子工业出版社, 2010.
[7] 胡学龙. 数字图像处理 [M]. 4 版. 北京: 电子工业出版社, 2020.
[8] 贾永红. 数字图像处理 [M]. 4 版. 武汉: 武汉大学出版社, 2023.

第二部分　数字图像运算

第4章

图像基本运算

CHAPTER 4

4.1 算术运算

算术运算是指对两幅或两幅以上输入图像进行点对点的加、减、乘、除运算而得到目标图像的运算。另外，还可以通过适当的组合，形成涉及几幅图像的复合算术运算方程。图像处理算术运算的四种基本形式分别如下：

$$
\begin{aligned}
s(x,y) &= f(x,y) + g(x,y) \\
d(x,y) &= f(x,y) - g(x,y) \\
p(x,y) &= f(x,y) \times g(x,y) \\
v(x,y) &= f(x,y) \div g(x,y)
\end{aligned}
\tag{4.1}
$$

其中，$f(x,y)$ 和 $g(x,y)$ 为输入图像表达式，$s(x,y)$、$d(x,y)$、$p(x,y)$ 和 $v(x,y)$ 为输出图像表达式，$x=1,2,\cdots,M$，$y=1,2,\cdots,N$，M 与 N 为图像的行和列。按照式 (4.1) 的定义，参与算术运算的图像及其结果图像具有相同尺寸，即 $s(x,y)$、$d(x,y)$、$p(x,y)$、$v(x,y)$ 均为 $M \times N$ 像素大小的图像。

在数字图像处理技术中，算术运算具有非常广泛的应用和重要的意义。例如，如何消除或降低图像的加性随机噪声、消除不需要的加性图案、如何检测同一场景的两幅图像之间的变化、检测物体的运动等，通过算术运算便可以解决这些问题。同时，算术运算也可用于将一幅图像的内容叠加到另一幅图像上，从而实现二次曝光。也可用于确定物体边界位置的梯度，用于纠正由于数字化设备对一幅图像各点敏感程度不一样带来的不利影响，用于获取图像的局部图案等。

（1）加法运算。

图像的加法运算是将一幅图像的内容叠加在另一幅图像上，或者给图像的每一个像素加一个常数来改变图像的亮度。如图 4.1 所示，给原图像（a）的每一个像素加一个常数 90 产生了亮度更高的图像（b）。

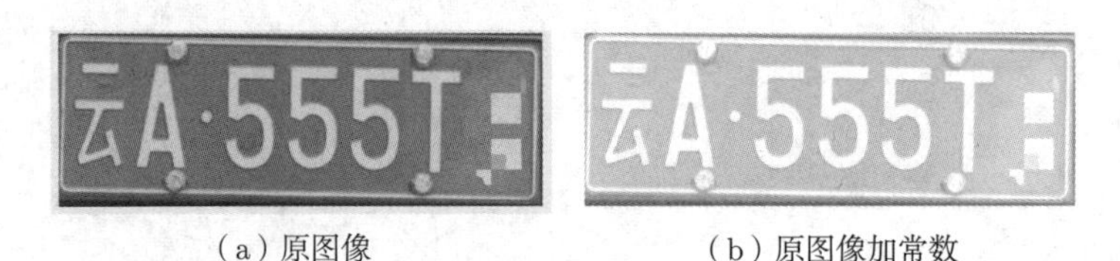

（a）原图像　　（b）原图像加常数

图 4.1　加法运算

（2）减法运算。

图像的减法运算是在两幅图像之间对应像素做减法运算。图像相减可以检测出两幅图像的差异信息，这项技术在工业、医学、气象以及军事等领域中都有广泛的应用。如图 4.2 所示，一幅受椒盐噪声干扰的图像，通过减法提取噪声。

（a）有噪声的图　（b）原图像

（c）提取的噪声

图 4.2　减法运算

（3）乘法运算。

图像的乘法运算可以用于实现图像的掩模处理，即屏蔽掉图像中的某些部分。图像的缩放是指一幅图像乘以某个常数，如果该常数大于 1，则图像的亮度将增强，如果该常数小于 1，则图像的亮度会变暗。如图 4.3 所示，原图像（a）乘以常数 1.2 后生成图像（b），其亮度明显增加；原图像（a）乘以常数 0.6 后生成图像（c），其亮度明显变暗。

（a）原图像　（b）原图像乘以常数 1.2

（c）原图像以常数 0.6

图 4.3　乘法运算

（4）除法运算。

图像的除法运算可以用来校正由于照明或者传感器的非均匀性造成的图像灰度阴影，还可用于产生比率图像。如图 4.4 所示，原图像（a）除以常数 5 后生成图像（b），除以常数 0.8 后生成图像（c）。

（a）原图像

（b）原图像除以常数 5　(c) 图像除以常数 0.8

图 4.4　除法运算

上述 4 种算术运算的 MATLAB 实现代码如下。

```
I = imread('imm1.png');
%image add
s = imadd(I, 90);
figure,imshow(I);
figure, imshow(s);
%image imsubtract
f = imread('sub1.png');
d = imsubtract(f, I);
figure, imshow(f);
figure, imshow(I);
figure, imshow(255-d);
%image immultiply
```

```
I3 = immultiply(I,1.2);
I4 = immultiply(I,0.6);
figure,imshow(I3);
figure,imshow(I4);
%image imdivide
im1 = imdivide(I,5);
im2 = imdivide(I,0.8);
figure,imshow(im1);
figure,imshow(im2);
```

4.2 逻辑运算

4.2.1 集合基础

令 A 为一个实数序对组成的集合，如果 $a=(x_1,x_2)$(x_1、x_2 为实数) 是 A 的一个元素，则将其写成:

$$a \in A \tag{4.2}$$

同样，如果 a 不是 A 的一个元素，则写成:

$$a \notin A \tag{4.3}$$

不包含任务元素的集合称为空集，用符号 $\varnothing$ 表示。

集合由一个花括号中的内容表示，即 $\{\cdot\}$。例如，当我们将一个表达式写成 $C=\{w|w=-d, d\in D\}$ 的形式时，所表达的意思是：集合 C 是元素 w 的集合，而 w 是通过用 -1 与集合 D 中的所有元素相乘得到的。该集合用于图像处理的一种方法是令集合的元素为图像中表示区域（物体）的像素的坐标（整数序对）。

如果集合 A 中的每个元素又是另一个集合 B 中的一个元素，则称 A 为 B 的子集，表示为

$$A \subseteq B \tag{4.4}$$

两个集合 A 和 B 的并集表示为

$$C = A \cup B \tag{4.5}$$

这个集合包含集合 A 和 B 中的所有元素。类似地，两个集合 A 和 B 的交集表示为

$$D = A \cap B \tag{4.6}$$

这个集合包含的元素同时属于集合 A 和 B。如果 A 和 B 两个集合没有共同的元素，则称这两个集合是不相容的或互斥的。此时，

$$A \cap B = \varnothing \tag{4.7}$$

全集 U 是给定应用中的所有元素的集合。根据这一定义，给定应用的所有集合元素是

对于该应用所定义的全部成员。例如，如果处理实数集合，则集合的全集是实数域，它包含所有的实数。

集合 A 的补集是不包含于集合 A 的元素所组成的集合，表示为

$$A^c = \{w|w \notin A\} \tag{4.8}$$

集合 A 和 B 的差表示为 $A - B$，定义为

$$A - B = \{w|w \in A, w \notin B\} = A \cap B^c \tag{4.9}$$

我们可以看出，这个集合中的元素属于 A，而不属于 B。因此，我们可以根据全集 U 与集合 A 的差操作来定义 A 的补集，即

$$A^c = U - A \tag{4.10}$$

4.2.2　二值图像的逻辑运算

在处理二值图像时，我们可以把图像想象为像素集合的前景（1 值）与背景（0 值）。然后，如果我们将区域（目标）定义为由前景像素组成，则集合操作就变成了二值图像中目标坐标间的操作。处理二值图像时，AND、OR、NOT 和 XOR 逻辑操作就是指普通的交、并、求补和异或操作。其中“逻辑”一词来自逻辑理论，在逻辑理论中，1 代表真，0 代表假。

考虑由前景像素组成的区域（集合）A 和 B。这两个集合的 AND 操作是共同属于 A 和 B 的元素的集合。OR 操作结果不是属于 A，就是属于 B，或者属于两者。集合 A 的 NOT 操作是不在 A 中的元素的集合。集合 A 和集合 B 的 XOR 操作结果是两个集合不相交的元素的集合。图 4.5 显示了图像 A 和图像 B 的四种逻辑操作结果。

```
A = zeros(128);
A(40:67,60:100) = 1;
B = zeros(128);
B(50:80,40:70) = 1;

figure(1); imshow(A);
figure(2); imshow(B);

C = and(A,B);
D = or(A,B);
E = ~(A);
F = xor(A,B);

figure(3);imshow(C);
figure(4);imshow(D);
figure(5);imshow(E);
figure(6);imshow(F);
```

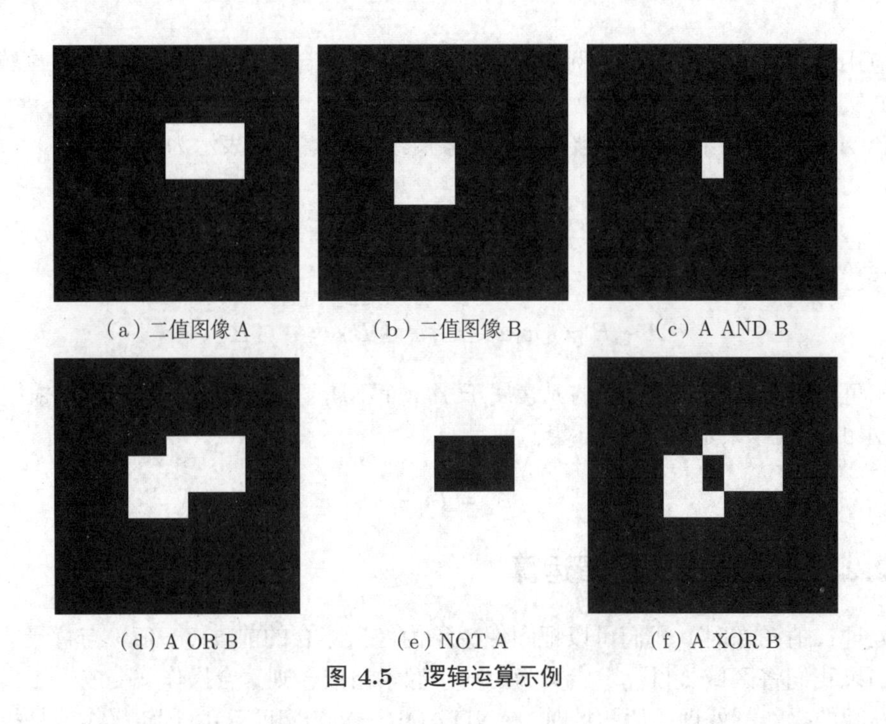

（a）二值图像 A （b）二值图像 B （c）A AND B

（d）A OR B （e）NOT A （f）A XOR B

图 4.5 逻辑运算示例

4.3 空间运算

空间操作直接在给定图像的像素上执行，其操作可分为三大类：单像素操作、区域操作、几何空间变换。

（1）单像素操作。

我们在数字图像中执行的最简单的操作就是以灰度为基础改变单个像素的值，这类处理可以用一个形如下式的变换函数 T 来描述:

$$s = T(z) \tag{4.11}$$

其中，z 是原图像中像素的灰度，s 是处理后的图像中相应像素的灰度。

（2）区域操作。

令 S_{xy} 代表图像 f 中以任意一点 (x, y) 为中心的一个区域的坐标集。区域处理在输出图像 g 中的相同坐标处生成一个相应的像素，该像素的值由输入图像中坐标在 S_{xy} 内的像素经指定操作决定。例如，假设指定的操作是计算在大小为 $m \times n$ 像素、中心在 (x, y) 的矩形区域中的像素的平均值。这个区域中像素的位置组成集合 S_{xy}。可以用公式的形式将这一操作描述为

$$g(x, y) = \frac{1}{m \times n} \sum_{(r,c) \in S_{xy}} f(r, c) \tag{4.12}$$

其中，r 和 c 是像素的行和列坐标，这些坐标是 S_{xy} 中的成员。

（3）几何空间变换。

几何变换改进图像中像素间的空间关系。这些变换通常称为橡皮膜变换，因为它们可看成是在一块橡皮膜上印刷一幅图像，然后根据预定的一组规则拉伸该薄膜。

像素间空间关系变化由坐标变换实现：

$$(x,y)=\boldsymbol{T}((v,w)) \tag{4.13}$$

其中，(v,w) 是原图像中像素的坐标，(x,y) 是变换后图像中像素的坐标。例如，变换 $(x,y)=\boldsymbol{T}((v,w))=(v/2,w/2)$ 在两个方向上把原图像缩小一半。最常用的空间坐标变换之一是仿射变换，其一般形式如下：

$$\begin{bmatrix} x & y & 1 \end{bmatrix}=\begin{bmatrix} v & w & 1 \end{bmatrix}\boldsymbol{T}=\begin{bmatrix} v & w & 1 \end{bmatrix}\begin{bmatrix} t_{11} & t_{12} & 0 \\ t_{21} & t_{22} & 0 \\ t_{31} & t_{32} & 1 \end{bmatrix} \tag{4.14}$$

这个变换可根据矩阵 $\boldsymbol{T}$ 中元素所选择的值，对一组坐标点做尺度、旋转、平移或偏移变换。如表 4.1 所示，对一幅车牌图片按照对应仿射矩阵进行了恒等、尺度、旋转、平移以及偏移变换。

表 4.1　常用仿射变换及矩阵

变换名称	仿射矩阵 $\boldsymbol{T}$	坐标公式	参数	例子
恒等变换	$\begin{bmatrix} 1 & 0 & 0 \\ 0 & 1 & 0 \\ 0 & 0 & 1 \end{bmatrix}$	$x=v,y=w$	1	
尺度变换	$\begin{bmatrix} c_x & 0 & 0 \\ 0 & c_y & 0 \\ 0 & 0 & 1 \end{bmatrix}$	$x=c_xv,y=c_yw$	$c_x=1.6$, $y_x=2.1$	
旋转变换	$\begin{bmatrix} \cos\theta & \sin\theta & 0 \\ -\sin\theta & \cos\theta & 0 \\ 0 & 0 & 1 \end{bmatrix}$	$x=v\cos\theta-w\sin\theta$, $y=v\sin\theta+w\cos\theta$	θ=15	
平移变换	$\begin{bmatrix} 1 & 0 & 0 \\ 0 & 1 & 0 \\ t_x & t_y & 1 \end{bmatrix}$	$x=v+t_x,y=w+t_y$	$t_x=1$, $t_y=1$	
（垂直）偏移变换	$\begin{bmatrix} 1 & 0 & 0 \\ s_v & 1 & 0 \\ 0 & 0 & 1 \end{bmatrix}$	$x=v+ws_v$, $y=w$	$s_v=1$	
（水平）偏移变换	$\begin{bmatrix} 1 & s_h & 0 \\ 0 & 1 & 0 \\ 0 & 0 & 1 \end{bmatrix}$	$x=v,y=s_hv+w$	$s_h=1$	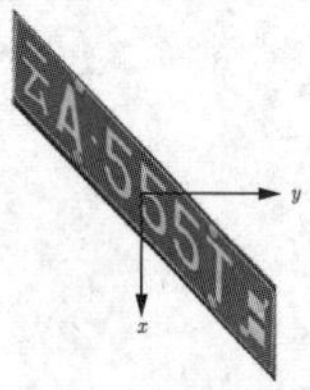

4.4 灰度变换

灰度变换是指根据某种目标条件按一定变换关系逐点改变原图像中每一个像素灰度值的方法。目的是改变画质，使图像的显示效果更加清晰。灰度变换是所有图像处理技术中最简单的技术。

（1）灰度线性变换。

灰度线性变换就是将图像的像素值通过指定的线性函数进行变换，以此增强或减弱图像的灰度。假定输入图像 $f(x,y)$，变换后图像 $g(x,y)$，灰度线性变换的公式是常见的一维线性函数：

$$g(x,y)=kf(x,y)+b \tag{4.15}$$

其中，k 表示直线的斜率，即倾斜程度，b 表示线性函数在 y 轴的截距。

如表 4.2 所示，通过设置不同的 k、b 的值，建立输入与输出的灰度映射来调整原图像的灰度，达到图像增强的目的。如图 4.6 所示，设置灰度线性变换参数 k=1.3，b=8，变换后的图像明显对比度更高。

表 4.2　灰度线性变换的作用

k 取值	意义
$k>1$	增大图像的对比度，图像的像素值在变换后全部增大，整体效果被增强
$k=1$	通过调整 b，实现对图像亮度的调整
$0<k<1$	图像的对比度被削弱
$k<0$	原来图像亮的区域变暗，原来图像暗的区域变亮

（a）原图像

（b）灰度线性变换后图像

图 4.6　灰度线性变换示例

（2）分段线性变换。

为了突出图像中感兴趣的研究对象，要求局部扩展拉伸某一范围的灰度值，相对抑制那些不感兴趣的灰度区域，即分段线性运算。分段线性变换的函数形式如下：

$$g(x,y)=\begin{cases}\dfrac{c}{a}f(x,y), & 0\leqslant f(x,y)<a\\[2ex] \dfrac{d-c}{b-a}[f(x,y)-a]+c, & a\leqslant f(x,y)<b\\[2ex] \dfrac{255-d}{255-b}[f(x,y)-b]+d, & b\leqslant f(x,y)\leqslant 255\end{cases} \tag{4.16}$$

通过仔细调整参数 a、b、c、d 的值控制折线拐点的位置及分段直线的斜率，可对任一灰度区间进行扩展或压缩。

（3）灰度对数变换。

对数变换可以大幅拉伸图像的低灰度区域，同时压缩图像的高灰度区域。当原图像的动态范围较大，且超出某些显示设备允许的显示范围时，需要对原图像进行对数变换以达到压缩灰度的目的。对数变换的一般表达式为

$$g(x,y) = C\lg\ (f(x,y)+1) \tag{4.17}$$

其中，C 为尺度比例常数，用于调节动态范围，常数 1 是为了避免对零求对数。

（4）灰度指数变换。

指数变换的一般表达式为

$$g(x,y) = b^{c[f(x,y)-a]} - 1 \tag{4.18}$$

其中，a 为变换曲线起始位置，c 为变换曲线的变化速率。a、b、c 三个参数可以调整曲线的位置和形状。指数变换可以大幅拉伸图像的高灰度区域，同时压缩图像的低灰度区城，它的效果与对数变换相反。

（5）灰度阈值变换。

灰度阈值变换可以将一幅灰度图像转换成黑白的二值图像。指定一个起到分界线作用的灰度值，如果图像中某像素的灰度值小于该灰度值，则将该像素的灰度值设置为 0，否则设置为 1。这个起到分界线作用的灰度值称为阈值，灰度的阈值变换也常被称为阈值化，或二值化。灰度阈值变换的函数表达式如下：

$$g(x,y) = \begin{cases} 0, & f(x,y) < T \\ 1, & f(x,y) \geqslant T \end{cases} \tag{4.19}$$

其中，T 为设定的阈值。图 4.7 展示了采用不同阈值进行灰度阈值变换后的图像。

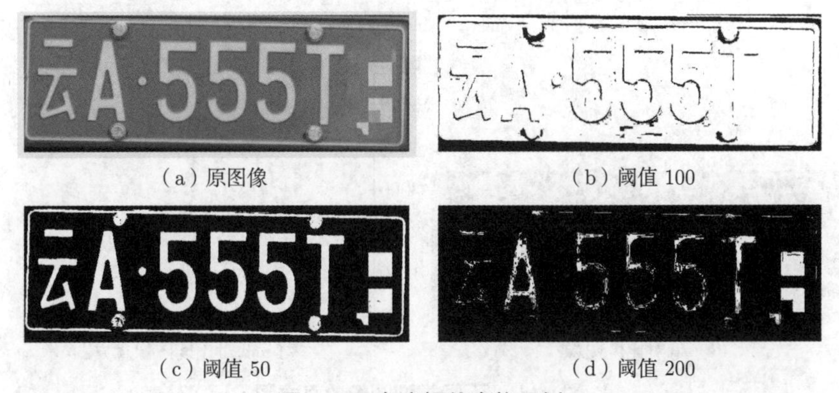

（a）原图像　（b）阈值 100

（c）阈值 50　（d）阈值 200

图 4.7　灰度阈值变换示例

4.5 直方图处理

灰度直方图，从数学上来说，是描述图像的各个灰度级的统计特性，统计图像中各个灰度级出现的次数或频率。从图像上来说，灰度直方图是一个二维图像，横坐标为图像中各个像素点的灰度级别，纵坐标表示具有各个灰度级别的像素在图像中出现的次数和频率。

直方图提供了一个简单、实用和直接的方式来评价图像的属性。如图 4.8 所示，在偏暗图像中，直方图的组成成分集中在灰度级低的一侧。明亮图像的直方图则倾向于灰度级高的一侧。低对比度图像的直方图窄而集中于灰度级的中部，而对比度高的图像，直方图出现双峰，即两个明显分开的峰。

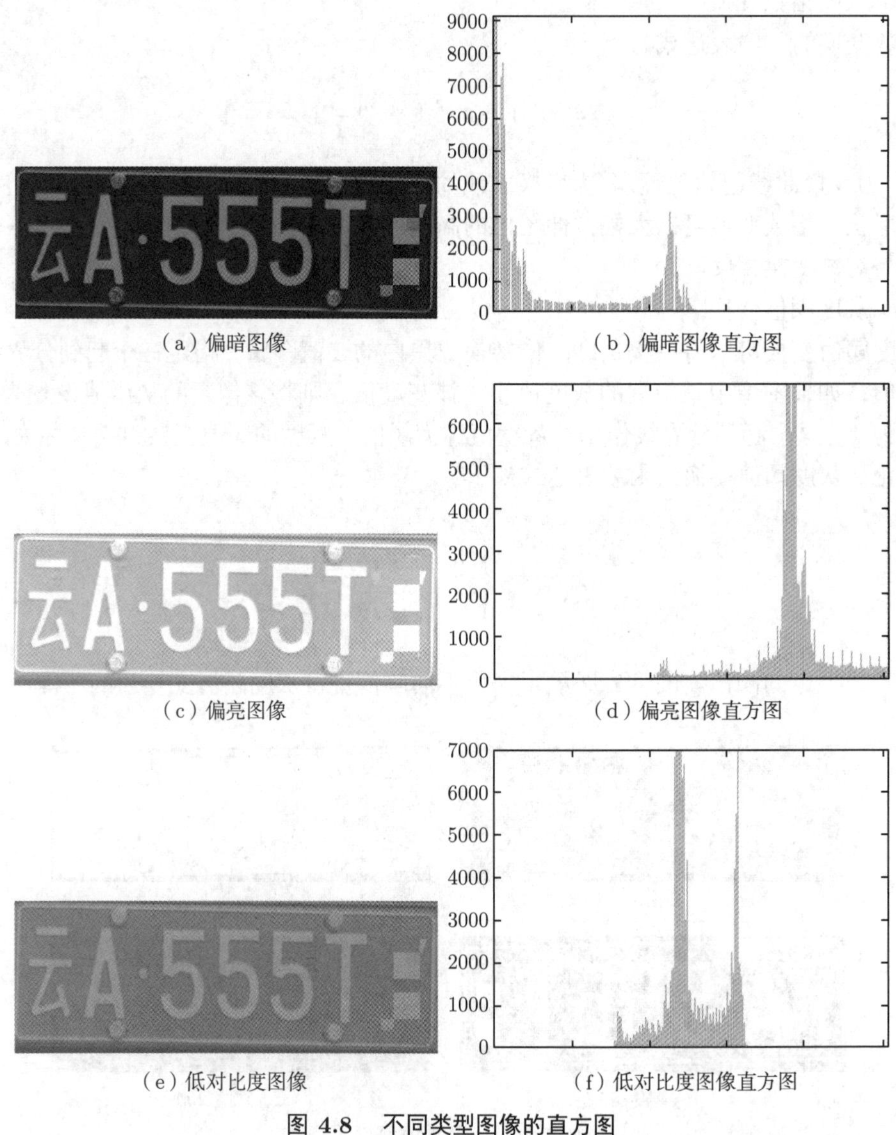

图 4.8　不同类型图像的直方图

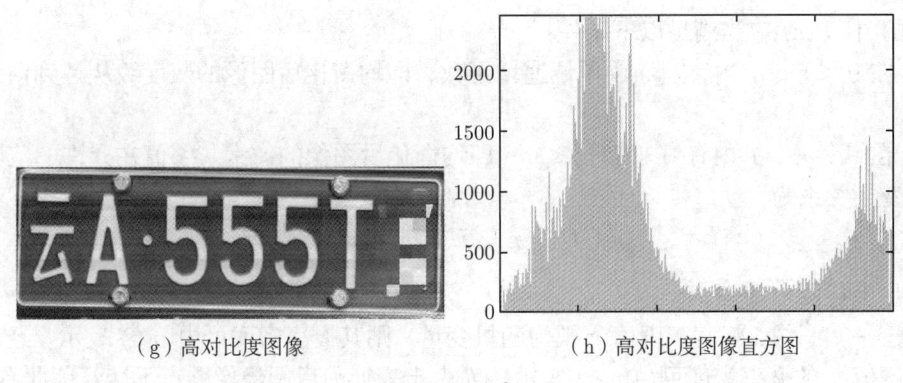

（g）高对比度图像　　（h）高对比度图像直方图

图 4.8　（续）

直方图具有如下三点性质：

（1）直方图是一幅图像中各像素灰度出现频次的统计结果，它只反映图像中不同灰度值出现的次数，而不反映某一灰度所在的位置；

（2）任何一幅图像，都有唯一确定的与它对应的直方图，但不同的图像可能有相同的直方图；

（3）由于直方图是对具有相同灰度值的像素统计得到的，因此，一幅图像各子区的直方图之和就等于该图像全图的直方图。

图像直方图由于其计算代价较小，且具有图像平移、旋转、缩放不变性等众多优点，广泛地应用于图像处理的各个领域，特别是灰度图像的阈值分割、基于颜色的图像检索以及图像分类。

直方图处理主要用于图像增强，包括直方图均衡化和直方图规定化两种方法。接下来将分别对这两种方法进行介绍。

（1）直方图均衡化。

直方图均衡化是一种简单有效的图像增强技术，通过改变图像的直方图来改变图像中各像素的灰度，主要用于增强动态范围偏小的图像的对比度。原始图像由于其灰度分布可能集中在较窄的区间，造成图像不够清晰。例如，过曝光图像的灰度级集中在高亮度范围内，而曝光不足将使图像灰度级集中在低亮度范围内。采用直方图均衡化，可以把原始图像的直方图变换为均匀分布（均衡）的形式，这样就增加了像素之间灰度值差别的动态范围，从而达到增强图像整体对比度的效果。换言之，直方图均衡化的基本原理是：对在图像中像素个数多的灰度值（即对画面起主要作用的灰度值）进行展宽，而对像素个数少的灰度值（即对画面不起主要作用的灰度值）进行归并，从而增大对比度，使图像清晰。

以 r 和 s 分别表示归一化了的原图像灰度和经直方图均衡化后的图像灰度，其中 r 和 s 的取值在 0 到 1。当 $r=s=0$ 时，表示黑色；当 $r=s=1$ 时，表示白色；当 $r,s\in(0,1)$ 时，表示像素灰度在黑白之间变化。因此，根据直方图对像素点的灰度值进行变换的直方图均衡化，就是在已知像素点灰度值 r 基础上求其对应的灰度值 s。具体地，在 $[0,1]$ 区间内的任何一个 r，经变换函数 $T(\cdot)$ 都可以产生一个对应的 s，即

$$s=T(r) \tag{4.20}$$

式 (4.20) 中 $T(r)$ 应当满足以下条件：

① 在 $0 \leqslant r \leqslant 1$ 内，$T(\cdot)$ 为单调递增函数，即均衡化后图像的灰度级从黑到白的次序不变；

② 在 $0 \leqslant r \leqslant 1$ 内有 $0 \leqslant T(r) \leqslant 1$，即均衡化后图像的像素灰度值在允许的范围内。

逆变换关系为

$$r = T^{-1}(s) \tag{4.21}$$

同样满足上述两个条件。

对于一幅图像，将其灰度值 r 视为随机变量，则其概率密度可由 $p(r)$ 表示。经过变换后其灰度值 s 的概率密度可由 $q(s)$ 表示。而由于变换前后图像像素点不变，因此有

$$\int_0^r p(r)\mathrm{d}r = \int_0^s q(s)\mathrm{d}s \tag{4.22}$$

直方图均衡化的目的是使图像的灰度直方图呈均匀分布的，即 s 在区间 $[0,1]$ 上均匀分布，其概率密度 $q(s)=1$，所以有

$$\int_0^r p(r)\mathrm{d}r = s = T(r) \tag{4.23}$$

这表明当变换函数 $T(r)$ 是原图像直方图的累积分布概率时，能达到直方图均衡化的目的。对于灰度级为离散的数字图像，用频率来代替概率，则变换函数 $T(r)$ 的离散形式可以表示为

$$s_k = T(r_k) = \sum_{i=0}^{k} p(r_i) = \sum_{i=0}^{k} \frac{n_i}{N} \tag{4.24}$$

其中，$0 \leqslant r_k \leqslant 1$，$n_i$ 为灰度值为 i 的像素个数，N 为像素总数。由此可知，均衡化后各像素的灰度 s_k 可直接由原图像的直方图算出来。

如果一幅图像整体偏暗或者偏亮，那么直方图均衡化的方法很适用，如图 4.9 所示。此外，MATLAB 中函数 histeq 可直接实现直方图均衡化操作。

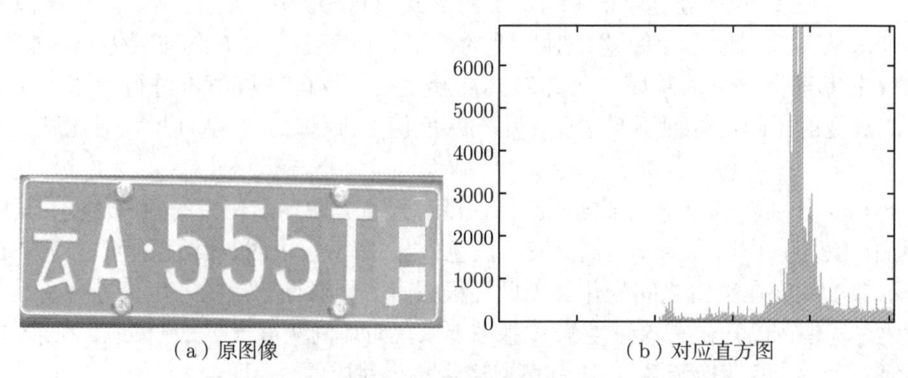

（a）原图像　　（b）对应直方图

图 4.9　直方图均衡化

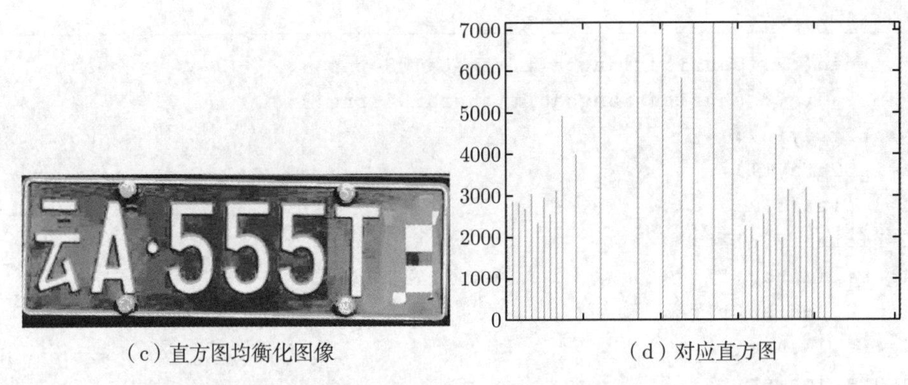

（c）直方图均衡化图像　　（d）对应直方图

图 4.9 （续）

直方图均衡化算法可以自动确定灰度变换函数，从而获得具有均匀直方图的输出图像。它主要用于增强动态范围偏小的图像对比度，丰富图像的灰度级。这种方法的优点是操作简单，且结果可以预知，当图像需要自动增强时是一种不错的选择。

（2）直方图规定化。

直方图规定化是在运用直方图均衡化原理的基础上，通过建立原始图像和期望图像（待匹配直方图的图像）之间的关系，使原始图像的直方图匹配特定的形状。从某种意义上，直方图均衡化可以看作是直方图规定化的一个特例。

对于一幅图像，设 $p(r)$ 和 $q(z)$ 分别代表原始图像灰度 r 和规定化处理后图像灰度 z 的概率密度函数。对原始图像做直方图均衡化处理，有

$$T(r) = \int_0^r p(r)\mathrm{d}r \tag{4.25}$$

同样对规定化处理后的图像做直方图均衡化处理，有

$$G(z) = \int_0^z q(z)\mathrm{d}z \tag{4.26}$$

其中，$G(\cdot)$ 为变换函数。由直方图均衡化可知，两者经过直方图均衡化处理后灰度应具有相同的分布，因此规定化后的图像灰度级为

$$z = G^{-1}[T(r)] \tag{4.27}$$

对于数字图像，则有

$$q(z_k) = \frac{n_k}{N} \tag{4.28}$$

$$G(z_k) = \sum_{i=0}^{k} q(z_i) \tag{4.29}$$

$$z_k = G^{-1}[T(r_k)] \tag{4.30}$$

在 MATLAB 中，同样可以使用 histeq 函数实现直方图规定化过程。图 4.10 给出直方图规定化的一个示例，利用图 4.10（c）匹配图像对原图像进行直方图规定化的变换，得到细节更为清晰的图 4.10（e），代码如下。

```
n=imread('E:\shuzituxiangchuli\chepai03.png');
I=imread('E:\shuzituxiangchuli\chepai04.png');
f=rgb2gray(n);
f1=rgb2gray(I);
g1=imhist(f1);
z2=histeq(f,g1);
figure,imshow(f);
figure,imhist(f);
figure,imshow(f1);
figure,imhist(f1);
figure,imshow(z2);
figure,imhist(z2);
```

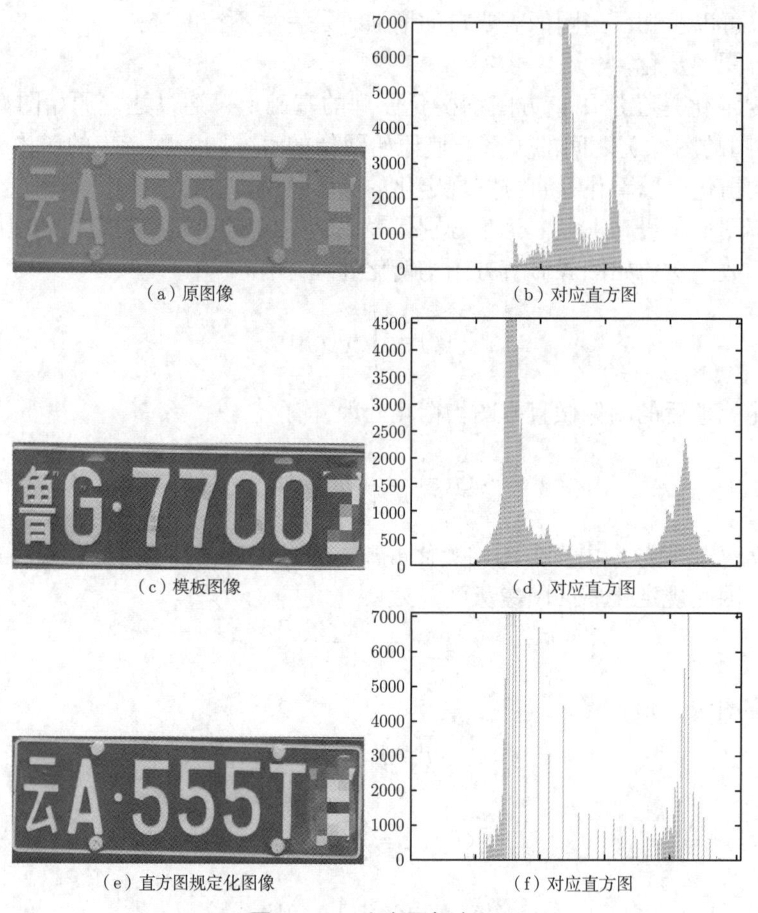

（a）原图像　（b）对应直方图

（c）模板图像　（d）对应直方图

（e）直方图规定化图像　（f）对应直方图

图 4.10　直方图规定化

第5章

图像滤波运算

CHAPTER 5

5.1 空间滤波

5.1.1 空间滤波基础

在信号处理中，将信号中特定频率的波段滤除的操作称为滤波，在数字信号处理中通常采用傅里叶变换及其逆变换实现。而在数字图像处理中存在着一种操作，其和通过傅里叶变换实现的频域下的滤波是等效的，故而也称为滤波。一幅数字图像可以看成一个二维函数 $f(x,y)$, 而 (x,y) 平面表明了空间位置信息，称为空间域。基于 (x,y) 空间邻域的滤波操作称为空间滤波，即主要直接基于邻域（空间域）对图像中像素执行计算。

空间滤波或者邻域处理的过程包括以下四步：

（1）定义中心点 (x,y);

（2）仅对预先定义的以 (x,y) 为中心点的邻域内的像素进行运算；

（3）令运算结果为该点处处理的响应；

（4）对图像中的每点重复此步骤。

如果邻域中的像素计算为线性运算，则称为线性空间滤波，否则称为非线性空间滤波。常见的线性运算为邻域中每像素与对应的系数相乘，然后结果进行累加，从而得到点 (x,y) 处的响应。若邻域的大小为 $m\times n$，则总共需要 $m\times n$ 个系数。这些系数排列为一个矩阵，称为滤波器掩模、滤波掩模、核、模板或窗口。线性空间滤波的过程就是在图像中逐点移动滤波器掩模 w 的中心。在每个点 (x,y) 处，滤波器在该点的响应是滤波器掩模所限定的相应邻域像素与滤波器系数的乘积结果的累加。因为具有唯一中心点的特性，掩模的大小应均为奇数，所以有意义的掩模的最小尺寸是 3×3。图 5.1 所示为 3×3 的掩模在某图像中点 (x,y) 处做线性滤波，其响应 $g(x,y)$ 为

$$\begin{aligned}g(x,y)=&w(-1,-1)f(x-1,y-1)+w(-1,0)f(x-1,y)+\cdots\\&w(0,0)f(x,y)+w(0,1)f(x,y+1)+\cdots\\&w(1,0)f(x+1,y)+w(1,1)f(x+1,y+1)\end{aligned}\tag{5.1}$$

一般来说，在 $M\times N$ 像素的图像 $f(x,y)$ 上，用 $m\times n$ 大小的滤波器掩模进行线性滤波的结果由下式给出：

$$g(x,y)=\sum_{s=-a}^{a}\sum_{t=-b}^{b}w(s,t)f(x+s,y+t)\tag{5.2}$$

其中，$a=(m-1)/2$，$b=(n-1)/2$，x 和 y 是可变的，以便 w 中的每个元素可访问 f 中的每像素。

非线性空间滤波处理也是基于邻域处理，且掩模滑过一幅图像的机理与刚刚论述的一样。例如，中值计算是非线性操作，基于中值计算的非线性滤波器的基本函数是计算滤波器掩模所作用邻域的灰度中值。

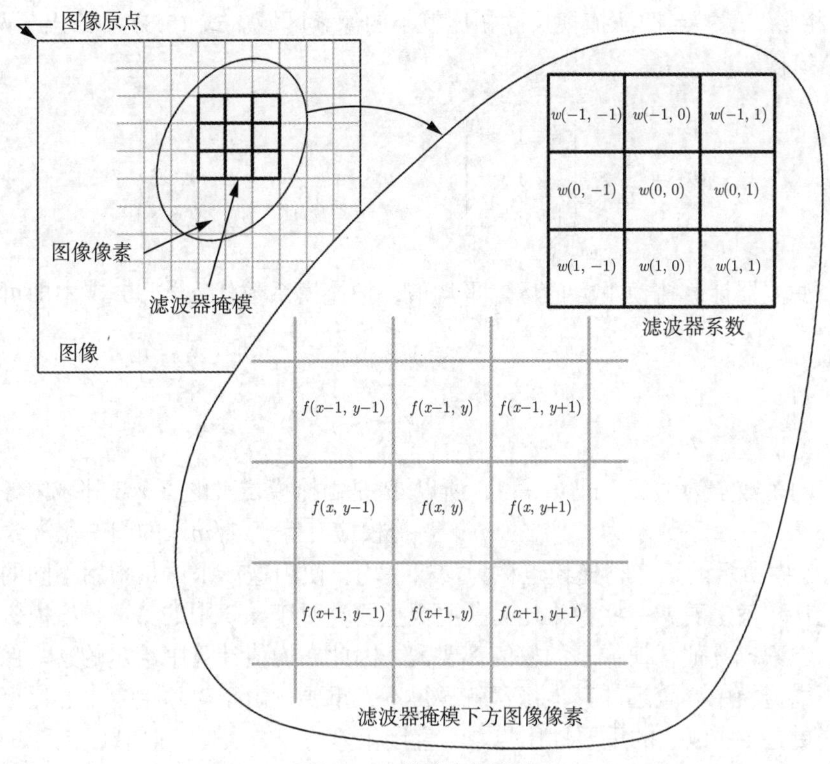

图 5.1　线性空间滤波

实现空间滤波邻域处理时要重点考虑滤波中心靠近图像边缘的情况。给定一个简单的 $n\times n$ 大小的方形滤波器掩模，当掩模中心距离图像边缘为 $(n-1)/2$ 像素时，该掩模至少有一条边与图像边缘相重合。如果掩模的中心继续向图像边缘靠近，那么掩模的行或列就会处于图像平面之外。有很多方法可以处理这种问题，最简单的方法是将掩模中心点的移动范围限制在距离图像边缘不小于 $(n-1)/2$ 像素处，这种做法将使处理后的图像比原始图像稍小，但滤波后的图像中的所有像素点都由整个掩模处理。如果要求处理后的输出图像与原始图像一样大，则仅用包含于图像中的掩模来滤波所有像素，通过这种方法，图像靠近边缘部分的像素带将用部分滤波掩模来处理。另一种方法是在图像边缘以外再补上若干行和若干列灰度为零的像素点，或者将边缘复制补在图像之外，补上的那部分经过滤波处理后去除，这种方法保持了处理后的图像与原始图像尺寸大小相等，但是补在靠近图像边缘的部分会带来不良影响，这种影响随着掩模尺寸的增加而增大。

5.1.2　空间滤波器

1. 均值滤波器

均值滤波器是用滤波掩模确定的邻域内像素的平均灰度值代替图像中每个像素点的值，此操作能够减小图像灰度的“尖锐”变化，常被用于模糊处理和减小噪声，属于平滑线性空间滤波器。然而，由于图像中物体边缘也是图像灰度尖锐变化的一种表现，所以均值滤波处理还存在着边缘模糊的负面效应。均值滤波器的主要应用是去除图像中的不相干细节，“不相干”是指与滤波掩模尺寸相比较小的像素区域。式 (5.3) 中给出了两个 3×3 均值滤波器掩模。

$$\boldsymbol{w}_1=\frac{1}{9}\times\begin{bmatrix}1&1&1\\1&1&1\\1&1&1\end{bmatrix}\qquad\boldsymbol{w}_2=\frac{1}{16}\times\begin{bmatrix}1&2&1\\2&4&2\\1&2&1\end{bmatrix}\tag{5.3}$$

第一个滤波器计算掩模下方的像素平均值，把掩模系数代入式 (5.3) 中即可清楚地看出这一点。

$$R=\frac{1}{9}\sum_{i=1}^{9}z_i\tag{5.4}$$

滤波器的系数全为“1”，即 $z_i=1$，所以 R 是由掩模定义的 3×3 邻域内像素灰度的平均值。可见，一个系数全为“1”的 $m\times n$ 掩模应有等于 $1/mn$ 的归一化常数。

式 (5.3) 中所示的第二种掩模也称为加权平均，使用这一术语是指用不同的系数乘以像素，因此从权值上看，一些像素比另一些更重要。对于 $\boldsymbol{w}_2$ 中的 3×3 掩模，处于掩模中心位置的像素比其他任何像素的权值都要大，因此在均值计算中给定的这一像素显得更重要，而距离掩模中心较远的其他像素就显得不太重要。由于对角项离中心比离正交方向相邻的像素更远，所以它的重要性比与中心直接相邻的四像素低。把中心点系数设为最高，而随着距中心点距离的增加减小系数值，是为了减小均值滤波处理产生的模糊。在实践中，由于这些掩模在一幅图像中所占的区域很小，通常很难看出使用图中的各种掩模或用其他类似手段平滑处理后的图像之间的区别。

均值滤波原理程序如下，滤波结果图 5.2 所示。

```
close all;
clear;
clc;

img = imread('chepai.png');
img = rgb2gray(img);
[m, n] = size(img);
img = double(img);
fz = 3;                               %滤波器窗口大小
img_pad = zeros(m+fz-1, n+fz-1);      %拓展图像边界
half = floor(fz/2);                   %滤波器窗口中点的index-1
img_pad(half+1:m+half, half+1:n+half) = img;
filter1 = 1/fz^2 * ones(fz);
G1 = zeros(m, n);
for i = 1:m
    for j = 1:n
        L = img_pad(i:i+fz-1, j:j+fz-1).*filter1;
        G1(i, j) = sum(sum(L));
```

```
    end
end
figure,imshow(mat2gray(img));                %显示原图
figure,imshow(mat2gray(G1));                 %显示均值滤波后的图片
```

（a）灰度图像

（b）3×3 像素掩模均值滤波

（c）7×7 像素掩模均值滤波

（d）11×11 像素掩模均值滤波

图 5.2　均值滤波

2. 中值滤波器

中值滤波器是用滤波掩模确定的邻域内所有像素的中值代替图像中每个像素点的值，其中的中值计算是一种非线性处理技术，故中值滤波器属于平滑非线性空间滤波器。例如，采用 3×3 像素中值滤波器，某点 (i,j) 的 8 个邻域的一系列像素值为：[17, 25, 13, 11, 19, 81, 9, 28, 27]，统计排序结果为：[9, 11, 13, 17, 19, 25, 27, 28, 81]。排在中间位置（第 5 位）的 19 即作为 (i,j) 点中值滤波的响应 $g(i,j)$。在一定的条件下，中值滤波可以克服均值滤波器等线性滤波器所带来的图像细节模糊问题，但是对一些细节多，特别是点、线、尖顶细节较多的图像则不宜采用中值滤波的方法。

中值滤波器掩模的形状可以是方形、矩形和十字形等，但不管哪种形状，随窗口的增大有效信号的损失也将明显增加。另外，随着窗口的移动，一个像素要重复参与多次计算，处理时间变长，且窗口越大，处理时间越长。在实际操作中，掩模的尺寸一般先用 3×3 再取 5×5，然后逐渐增大，直到其滤波效果满意为止。对于有缓变的较长轮廓线物体的图像，采用方形或圆形掩模为宜，对于包含尖顶角物体的图像，适宜用十字形掩模。与均值滤波器相比，从总体上来说，中值滤波器能够较好地保留原图像中的跃变部分。

中值滤波原理程序如下，滤波结果如图 5.3 所示。

```
close all;
clear;
clc;

img = imread('chepai.png');
img = rgb2gray(img);
[m, n] = size(img);
img = double(img);
fz = 3;                                  %滤波器窗口大小
```

```
    img_pad = zeros(m+fz-1, n+fz-1);      %拓展图像边界
    half = floor(fz/2);                   %滤波器窗口中点的index-1
    img_pad(half+1:m+half, half+1:n+half) = img;
    G2 = zeros(m, n);
    for i = 1:m
        for j = 1:n
            area = img_pad(i:i+fz-1, j:j+fz-1);
            area = area(:);
            med = median(area);
            G2(i, j) = med;
        end
    end

    figure,imshow(mat2gray(img));             %显示原图
    figure,imshow(mat2gray(G2));              %显示中值滤波后的图片
```

(a) 灰度图像

(b) 3×3 掩模中值滤波

(c) 7×7 掩模中值滤波

(d) 11×11 掩模中值滤波

图 5.3　中值滤波

3. 锐化滤波器

锐化滤波器主要用于增强图像的灰度跳变部分，这一点与均值滤波器等平滑线性滤波器对灰度跳变的抑制正好相反。此处主要讨论基于一阶和二阶微分的锐化滤波器，其核心在于考查恒定灰度区域中突变的开始点与结束点（台阶和斜坡突变）及沿着灰度斜坡处的微分性质。

对于一阶微分的定义必须保证以下几点：

（1）在恒定灰度区域的微分值为零；

（2）在灰度台阶或斜坡处微分值非零；

（3）沿着斜坡的微分值非零。

类似地，任何二阶微分的定义必须保证以下几点：

（1）在恒定灰度区域的微分值为零；

（2）在灰度台阶或斜坡的起点处微分值非零；

（3）沿着斜坡的微分值非零。

因为处理的是数字量，其值是有限的，故最大灰度级的变化也是有限的，并且变化发生的最短距离是在两相邻像素之间。对于一元函数 $f(x)$，表达一阶微分的定义是一个差值：

$$\frac{\partial f}{\partial x} = f(x+1) - f(x) \tag{5.5}$$

这里，为了与对二维图像函数 $f(x,y)$ 求微分时的表达式保持一致，使用了偏导数符号。类似地，用如下差分定义二阶微分：

$$\frac{\partial^2 f}{\partial x^2} = f(x+1) + f(x-1) - 2f(x) \tag{5.6}$$

在此基础上，二维函数 $f(x,y)$ 的二阶微分（拉普拉斯算子）定义为

$$\nabla^2 f(x,y) = \frac{\partial^2 f}{\partial x^2} + \frac{\partial^2 f}{\partial y^2} \tag{5.7}$$

对于离散的二维图像，二阶偏导数与二阶差分近似，由此可推导出拉普拉斯算子表达式为

$$\nabla^2 f(x,y) = f(x+1,y) + f(x-1,y) + f(x,y+1) + f(x,y-1) - 4f(x,y) \tag{5.8}$$

其对应的滤波模板如下：

$$\boldsymbol{w}_1 = \begin{bmatrix} 0 & 1 & 0 \\ 1 & -4 & 1 \\ 0 & 1 & 0 \end{bmatrix} \tag{5.9}$$

因为在锐化过程中，绝对值相同的正值和负值实际上表示相同的响应，故也等同于使用如下模板：

$$\boldsymbol{w}_2 = \begin{bmatrix} 0 & -1 & 0 \\ -1 & 4 & -1 \\ 0 & -1 & 0 \end{bmatrix} \tag{5.10}$$

分析拉普拉斯模板的结构，可知这种模板对于 90° 的旋转是各向同性的。所谓对于某角度各向同性是指把原图像旋转该角度后再进行滤波与先对原图像滤波再旋转该角度的结果相同。这说明拉普拉斯算子对于接近水平和接近竖直方向的边缘都有很好的响应，从而也就避免在锐化滤波时要进行两次滤波的麻烦。更进一步，还可以得到如下对于 45° 旋转各向同性的滤波器：

$$\boldsymbol{w}_3 = \begin{bmatrix} 1 & 1 & 1 \\ 1 & -8 & 1 \\ 1 & 1 & 1 \end{bmatrix} \qquad \boldsymbol{w}_4 = \begin{bmatrix} -1 & -1 & -1 \\ -1 & 8 & -1 \\ -1 & -1 & -1 \end{bmatrix} \tag{5.11}$$

以 $\boldsymbol{w}_1$ 滤波模板为例，锐化滤波程序代码如下，其滤波结果如图 5.4 所示。

```
close all;
clear all;
clc;

img = imread('chepai.png');
img = rgb2gray(img);
img = im2double(img);
figure, imshow(img);
f = padarray(img,[1,1],'symmetric','both');
[m,n] = size(f);
M = zeros(size(f));              %提前定义梯度图像M，有利于提高运算速度
for x=2:m-1
    for y=2:n-1
        M(x,y)=f(x+1,y)+f(x-1,y)+f(x,y+1)+f(x,y-1)-4*f(x,y);
    end
end
M = M(2:m-1,2:n-1);              %去掉扩充的行列
figure, imshow(M);
```

(a) 灰度图像

(b) 锐化滤波结果

图 5.4　锐化空间滤波

5.2　频域滤波

5.2.1　傅里叶变换基本概念

1807 年，傅里叶提出了傅里叶级数的概念，即任一周期信号均可分解为多个正弦信号的叠加。1822 年，傅里叶又提出了傅里叶变换，目前已经成为一种常用的正交变换，在数字图像处理领域也起着非常重要的作用。傅里叶变换主要分为连续傅里叶变换和离散傅里叶变换，在数字图像处理中经常用到的是二维离散傅里叶变换。

对于有限长序列 $f(x)(x=0,1,\cdots,N-1)$，定义一维离散傅里叶变换对如下：

$$\begin{aligned} F(u) &= \mathrm{DFT}[f(x)] = \sum_{x=0}^{N-1} f(x)W^{ux} \quad u=0,1,\cdots,N-1 \\ f(x) &= \mathrm{IDFT}[F(u)] = \frac{1}{N}\sum_{u=0}^{N-1} F(u)W^{-ux} \quad x=0,1,\cdots,N-1 \end{aligned} \tag{5.12}$$

式中，$W=\mathrm{e}^{-\mathrm{j}\frac{2\pi}{N}}$ 称为变换核。由式 (5.12) 可见，给定序列可以求出其傅里叶谱 $F(u)$，反之亦然。因此离散傅里叶变换对可以简记为 $f(x)\leftrightarrow F(u)$。$F(u)$ 一般可以写成复数形式：

$$F(u)=|F(u)|\mathrm{e}^{\mathrm{j}\varphi(u)} \tag{5.13}$$

其中，$|F(u)|$ 为傅里叶幅度谱；$\varphi(u)$ 为相位谱。

将一维离散傅里叶变换推广到二维，变换对定义为

$$\begin{aligned} F(u,v) &= \frac{1}{MN}\sum_{x=0}^{M-1}\sum_{y=0}^{N-1} f(x,y)\mathrm{e}^{-\mathrm{j}2\pi\left(\frac{ux}{M}+\frac{vy}{N}\right)} \\ f(x,y) &= \sum_{u=0}^{M-1}\sum_{v=0}^{N-1} F(u,v)\mathrm{e}^{\mathrm{j}2\pi\left(\frac{ux}{M}+\frac{vy}{N}\right)} \end{aligned} \tag{5.14}$$

其中，$u,x=0,1,2,\cdots,M-1$；$v,y=0,1,\cdots,N-1$；x、y 为时域变量；u、v 为频域变量。

5.2.2 频域滤波基础

傅里叶变换可以将图像从空间域变换到频域，而傅里叶反变换则可以将图像的频谱逆变换为空间域图像，即人眼可以直接识别的图像。这样一来，可以利用空间域图像与频谱之间的对应关系，尝试将空间域卷积滤波变换为频域滤波，经过频域滤波处理后，再将图像反变换回空间域。根据卷积定理，两个二维连续函数在空间域中的卷积可由其相应的两个傅里叶变换乘积的反变换而得；反之，在频域中的卷积可由在空间域中乘积的傅里叶变换而得。即

$$\begin{aligned} f(x,y)*h(x,y) &\Leftrightarrow F(u,v)H(u,v) \\ f(x,y)h(x,y) &\Leftrightarrow F(u,v)*H(u,v) \end{aligned} \tag{5.15}$$

其中，$F(u,v)$ 和 $H(u,v)$ 分别表示 $f(x,y)$ 和 $h(x,y)$ 的傅里叶变换，而符号“$\Leftrightarrow$”表示傅里叶变换对，即左侧的表达式可通过傅里叶正变换得到右侧的表达式，而右侧的表达式可通过傅里叶反变换得到左侧的表达式。式 (5.15) 构成了整个频域滤波的基础，式中的乘积实际上就是两个二维矩阵对应元素之间的乘积。

频域滤波的基本步骤如下：

（1）对原始图像 $f(x,y)$ 做傅里叶变换，得到 $F(u,v)$；

（2）计算滤波器函数 $H(u,v)$ 与 $F(u,v)$ 的乘积 $G(u,v)$；

（3）对频谱 $G(u,v)$ 做傅里叶反变换得出时域 $g(x,y)$；

（4）取 $g(x,y)$ 的实部作为最终滤波结果图像。

由上述基本步骤可以看出，滤波函数 $H(u,v)$ 对于滤波操作能否取得理想结果起着关键作用，即在滤波过程中抑制或滤除频谱中某些频率的分量，而保留其他的一些频率不受影响。因此，多种滤波器，也称滤波器传递函数，被设计以应对各种情况。

5.2.3 频域滤波器

1. 频域低通滤波器

在频谱中，低频主要对应图像在平滑区域的总体灰度级分布，而高频对应图像的细节部分。因此，图像平滑可以通过衰减图像频谱中的高频部分来实现，这就建立了均值滤波、中值滤波等空间域图像平滑滤波与频域低通滤波之间对应关系。

（1）理想低通滤波器。

设傅里叶平面上理想低通滤波器离开原点的截止频率为 D_0，则理想低通滤波器的传递函数为

$$H(u,v)=\begin{cases}1, & D(u,v)\leqslant D_0\\0, & D(u,v)>D_0\end{cases}\tag{5.16}$$

其中，$D(u,v)=\sqrt{u^2+v^2}$。理想低通滤波器的函数如图 5.5(a)、图 5.6(a) 所示，$F(u,v)$ 在 D_0 内的频率分量无损通过，而大于 D_0 的分量则被过滤掉。

由于图像高频成分中除了噪声外还包含大量的边缘信息，因此采用该滤波器在去除噪声得到平滑图像的同时将会导致边缘信息的损失而使图像边缘模糊，并且会产生振铃效应。

（2）巴特沃思低通滤波器。

n 阶巴特沃思（Butterworth）滤波器的传递函数如下所示：

$$H(u,v)=\frac{1}{1+\left[\dfrac{D(u,v)}{D_0}\right]^{2n}}\tag{5.17}$$

图 5.5（b）、图 5.6（b）所示为巴特沃思低通滤波器函数，可以看出，巴特沃思低通滤波器的特性是连续性衰减，而不像理想滤波器那样陡峭和明显不连续。因此采用该滤波器滤波在抑制图像噪声的同时，图像边缘的模糊程度大大减小，没有振铃效应产生，但计算量大于理想低通滤波器。

（3）高斯低通滤波器。

由于高斯函数的傅里叶变换和反变换均为高斯函数，并常常用来帮助寻找空间域与频率域之间的联系，所以基于高斯函数的滤波具有特殊的重要意义。一个二维的高斯低通滤波器的转移函数定义为

$$H(u,v)=\mathrm{e}^{-D(u,v)^2/2\sigma^2}\tag{5.18}$$

其中，$D(u,v)$ 是频率平面从原点到点 (u,v) 的距离；σ 表示高斯曲线扩展的程度。当 $\sigma = D_0$ 时，可得到高斯低通滤波器的一种更为标准的表示形式：

$$H(u,v) = \mathrm{e}^{-D(u,v)^2/2D_0^2} \tag{5.19}$$

其中，D_0 是截止频率，$D(u,v) = D_0$ 时，H 下降到其最大值的 0.607 处，此时滤波器函数如图 5.5（c）、图 5.6（c）。与巴特沃思低通滤波器相比，在需要严格控制低频和高频之间截止频率过渡的情况下选择高斯低通滤波器更合适一些。

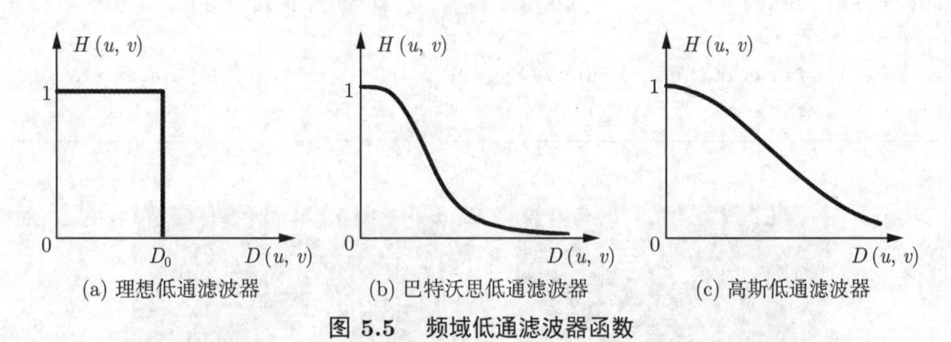

(a) 理想低通滤波器　(b) 巴特沃思低通滤波器　(c) 高斯低通滤波器

图 5.5　频域低通滤波器函数

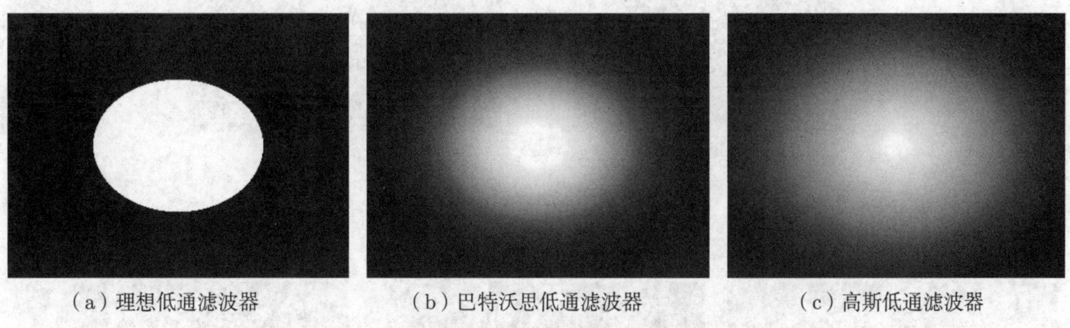

（a）理想低通滤波器　（b）巴特沃思低通滤波器　（c）高斯低通滤波器

图 5.6　频域低通滤波器函数二维显示

上述三种频域低通滤波原理程序如下，以图 5.7 中灰度图像为例，三种频域低通滤波结果如图 5.8 所示。

```
close all;
clear;
clc;

f = imread('chepai.jpg');
f = rgb2gray(f);
Fuv = fftshift(fft2(double(f)));         % 计算图像频谱
figure, imshow(log(abs(Fuv)), []);       % 对频谱取对数方便观察

[u, v] = freqspace(size(f),'meshgrid');
Duv = sqrt(u.^2+v.^2);
```

```
    D0 = 1/5;                                % 取1/5处为截止频域
    n = 2;                                   % 巴特沃思阶数

    Huv = (Duv < D0).*1;                     % 理想低通滤波器函数
%     Huv = 1./(1+(Duv/D0).^(2*n));          % 巴特沃思低通滤波器函数
%     Huv = exp(-(Duv.^2)/(2*D0.^2));        % 高斯低通滤波器函数

    Guv = Fuv.*Huv;                          % 计算滤波器函数与图像频谱乘积

    g = real(ifft2(ifftshift(Guv)));         % 傅里叶反变换并取实部
    figure, imshow(mat2gray(g));
```

（a）灰度图像

（b）频谱图像

图 5.7　灰度图像及其频谱图像

（a）理想低通滤波结果

（b）巴特沃思低通滤波结果

（c）高斯低通滤波结果

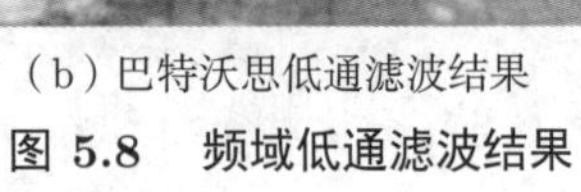

图 5.8　频域低通滤波结果

2. 频域高通滤波器

图像的边缘、细节主要在高频部分得到反映，为了突出边缘，可采用高通滤波器让高频成分通过，使低频成分削弱，再经傅里叶反变换得到边缘突出的图像。常用的高通滤波器如下。

（1）理想高通滤波器。

与理想低通滤波器类似，理想高通滤波器的传递函数为

$$H(u,v)=\begin{cases}0, & D(u,v)\leqslant D_0\\ 1, & D(u,v)>D_0\end{cases} \tag{5.20}$$

其传递函数如图 5.9（a）、图 5.10（a）所示，与理想低通滤波器相反，半径为 D_0 的范围内的频谱成分被完全去掉，范围外频谱成分则无损地通过，这意味着理想高通滤波器会保留图像边缘信息并强化纹理信息。

（2）巴特沃思高通滤波器。

巴特沃思高通滤波器的形状与巴特沃思低通滤波器的形状正好相反，其传递函数为

$$H(u,v)=\frac{1}{1+\left[\dfrac{D_0}{D(u,v)}\right]^{2n}} \tag{5.21}$$

与巴特沃思低通滤波器一致，D_0 为截止频率，n 为滤波器阶数，用来控制滤波器陡峭程度。巴特沃思高通滤波器传递函数如图 5.9（b）、图 5.10（b）所示，其在作用范围内没有不连续点，而是光滑的过渡过程，所以巴特沃思高通滤波器得到的滤波结果基本不存在振铃现象。一般情况下，常取使转移函数最大幅值下降到某个百分比的频率为巴特沃思高通滤波器的截止频率。

（3）高斯高通滤波器。

一个截止频率为 D_0 的高斯高通滤波器的传递函数定义为

$$H(u,v)=1-\mathrm{e}^{-D(u,v)^2/2D_0^2} \tag{5.22}$$

其中，$D(u,v)$ 为频率平面从原点到点 (u,v) 的距离，其滤波器传递函数如图 5.9（c）、图 5.10（c）所示。

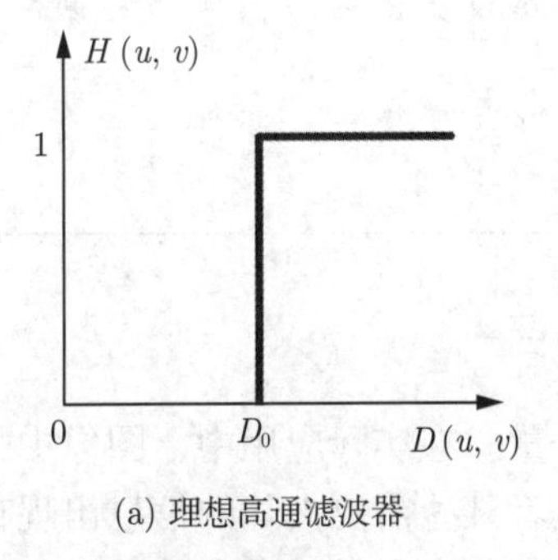

(a) 理想高通滤波器

(b) 巴特沃思高通滤波器

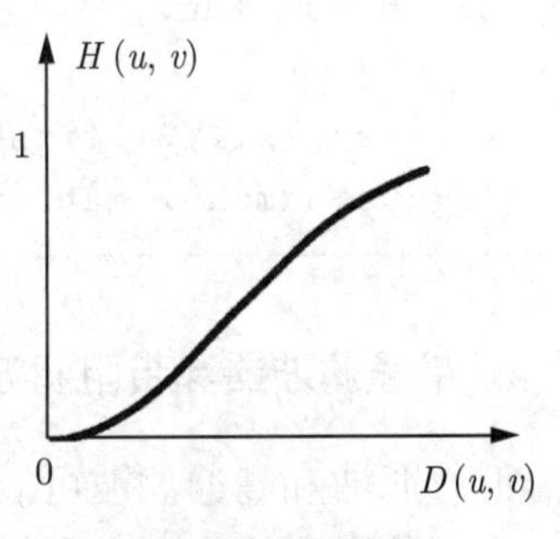

(c) 高斯高通滤波器

图 5.9　频域高通滤波器函数

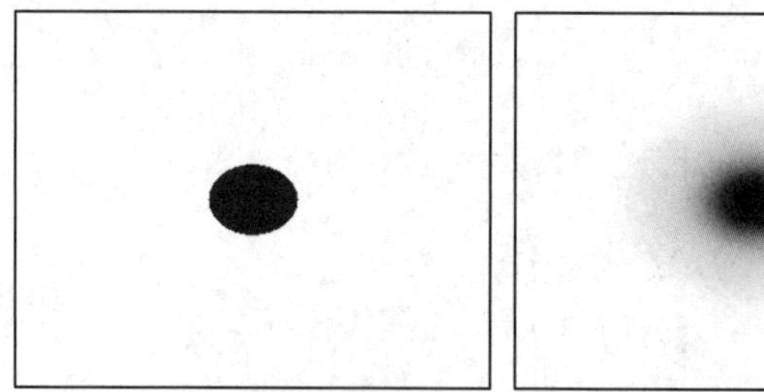

（a）理想高通滤波器

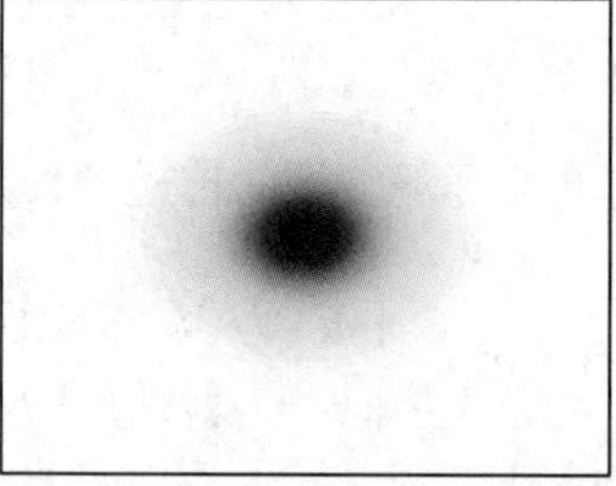

（b）巴特沃思高通滤波器

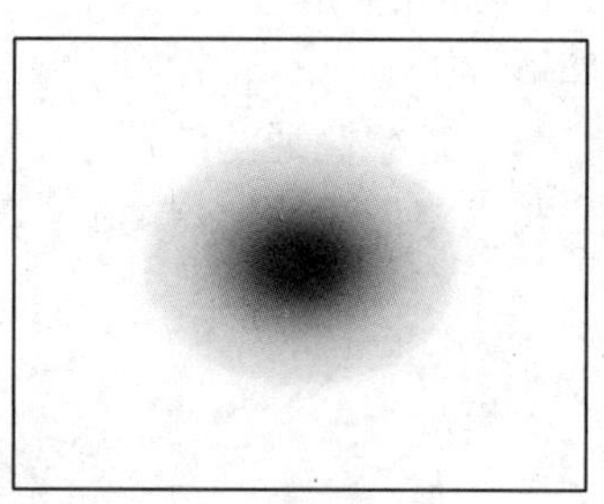

（c）高斯高通滤波器

图 5.10　频域高通滤波器函数二维显示

上述三种频域高通滤波原理程序如下，以图 5.11（a）的灰度图像为例，三种频域高通滤波结果如图 5.11 所示。

```
    close all;
    clear;
    clc;

    f = imread('chepai.jpg');
    f = rgb2gray(f);
    Fuv = fftshift(fft2(double(f)));            % 计算图像频谱

    [u, v] = freqspace(size(f),'meshgrid');
    Duv = sqrt(u.^2+v.^2);

    D0 = 1/5;                                   % 截止频域
    n = 2;                                      % 巴特沃思阶数

    Huv = (Duv > D0).*1;                        % 理想高通滤波器函数
%    Huv = 1./(1+(D0./(Duv+eps)).^(2*n));       % 巴特沃思高通滤波器函数
%    Huv = 1 - exp(-(Duv.^2)/(2*D0.^2));        % 高斯高通滤波器函数

    Guv = Fuv.*Huv;                             % 计算滤波器函数与图像频谱乘积

    g = real(ifft2(ifftshift(Guv)));            % 傅里叶反变换并取实部
    figure, imshow(mat2gray(g));
```

3. 带通滤波器和带阻滤波器

低通滤波和高通滤波可以分别增强图像的低频和高频分量。在实际应用中，图像中的某些有用信息可能出现在图像频谱的某一个频率范围内，或者某些需要去除的信息出现在某一个频率范围内。这种情况下，能够允许特定频率范围内的频率分量通过的传递函数就很有用。带通和带阻滤波器就是这样的传递函数，带通滤波器允许一定频率范围内的信号通过而阻止其他频率范围内的信号通过，带阻滤波器则刚好相反，其抑制一定频率范围内的信号，可以用来消除一定频率范围的周期噪声。常用带阻滤波器的传递函数公式如下，而带通滤波器与之相反，用 1 减去带阻函数即可。

（a）灰度图像　（b）理想高通滤波结果

（c）巴特沃思高通滤波结果　（d）高斯高通滤波结果

图 5.11　频域高通滤波结果

（1）理想带阻滤波器。

$$H(u,v)=\begin{cases}1, & D(u,v)<D_0-w/2\\ 0, & D_0-w/2\leqslant D(u,v)\leqslant D_0+w/2\\ 1, & D(u,v)>D_0+w/2\end{cases} \tag{5.23}$$

其中，D_0 为截止频率，即带阻带宽中心至频率中心的距离；w 为带阻滤波器的带宽。

（2）巴特沃思带阻滤波器。

n 阶巴特沃思带阻滤波器的公式为

$$H(u,v)=\frac{1}{1+\left[\dfrac{D(u,v)W}{D^2(u,v)-D_0^2}\right]^{2n}} \tag{5.24}$$

其中，D_0 为截止频率，即带阻带宽中心至频率中心的距离；w 为带阻滤波器的带宽；n 为巴特沃思带阻滤波器的阶数。

（3）高斯带阻滤波器。

$$H(u,v)=1-\mathrm{e}^{-\frac{1}{2}\left[\frac{D^2(u,v)-D_0^2}{D(u,v)W}\right]^2} \tag{5.25}$$

其中，D_0 为截止频率，即带阻带宽中心至频率中心的距离；w 为带阻滤波器的带宽。

第6章

图像复原

CHAPTER 6

6.1 图像退化与复原

图像退化是指在图像的形成、记录、处理和传输过程中，由于成像系统、记录设备、处理方法和传输介质的不完善而导致的图像质量的下降。具体来说，常见的退化原因有：成像系统的像差或有限孔径或存在衍射、成像系统的离焦、成像系统和场景的相对运动、底片感光特性曲线的非线性、显示器的显示失真、遥感成像中的大气散射和大气干扰、遥感相机的运动和扫描速度不稳定、系统各部分的噪声干扰、模拟图像的数字化引入的误差等。

而图像复原则是以某种方式改进退化的图像，使复原后的图像尽可能地接近理想的图像的过程。对于图像复原，一般可以使用两种方法。一种方法适用于缺乏图像的已知信息的情况，这种方法是一种估计方法，因为它试图估计图像受到某种相对良性的退化过程影响之前的情况。给定一个退化的图像，如果关于退化过程的信息是已知的，那么可以通过在图像上进行该过程的反演来复原图像。另一种方法则适用于退化过程不知道或无法精确获得的情况，这时可以对退化过程（模糊和噪声）进行建模和描述，并找到一个过程来消除或减弱其影响。

整个退化和复原的过程可以用图 6.1 表示。

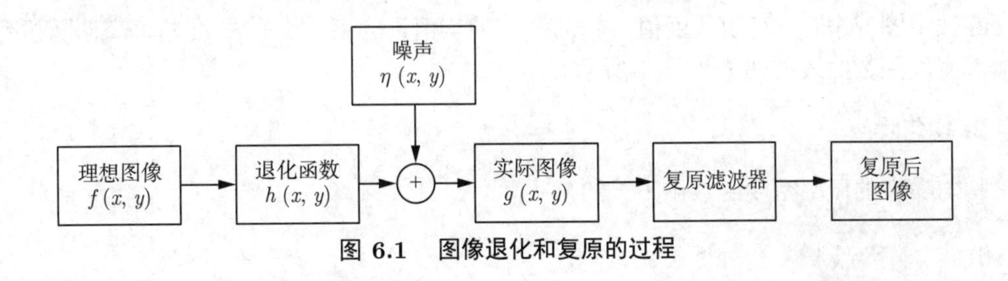

图 6.1 图像退化和复原的过程

其中，$f(x,y)$ 表示理想图像，$g(x,y)$ 表示退化后的实际图像，退化过程包含退化函数 $h(x,y)$ 以及加载在图像上的噪声 $\eta(x,y)$。因此，整个图像退化的数学模型为

$$g(x,y) = h(x,y) * f(x,y) + \eta(x,y) \tag{6.1}$$

其中，$*$ 表示空间卷积操作。由卷积定理可知，式 (6.1) 在频域的等效公式为

$$G(u,v) = H(u,v)F(u,v) + N(u,v) \tag{6.2}$$

其中，$G(u,v)$ 表示 $g(x,y)$ 经傅里叶变换后函数，其他对应大写字母项含义相同。因此，图像的退化过程可以理解为理想图像经过一次未知的退化函数卷积，并夹杂了噪声的过程。

由于退化过程被建模为卷积的结果，因此图像复原就是需要找到具有相反过程的卷积核，所以图像复原通常也叫作“图像去卷积”，所使用的复原滤波器也叫作“去卷积滤波器”。根据上述分析可知，想要将实际图像恢复成理想图像，主要需要完成两个工作：一个是消除图像的噪声干扰，称为图像去噪；另一个则是找到复原滤波器，称为图像去卷积。

6.2 噪声模型

数字图像中的主要噪声源发生在图像采集和传输过程中。在图像采集过程中，成像传感器的性能主要受各种环境因素和传感元件本身质量的影响。例如，当用 CCD 相机获取图像时，光照度和传感器温度是影响所得图像噪声的主要因素。在传输过程中，图像可能会被传输通道中的干扰污染。例如，使用无线网络传输的图像可能被光或其他大气干扰污染。

6.2.1 基本噪声概率密度函数

空间噪声可以认为是由概率密度函数（PDF，Probability Density Function）表征的随机变量，下面是在图像处理应用中最常见的概率密度函数。

1. 高斯噪声

高斯噪声的随机变量 z 的概率密度函数由下式给出：

$$p(z) = \frac{1}{\sqrt{2\pi}\sigma}\mathrm{e}^{-(z-\bar{z})^2/2\sigma^2} \tag{6.3}$$

在数字图像中，z 表示灰度值，$\bar{z}$ 表示 z 的均值，σ 表示 z 的标准差，高斯随机变量的概率密度函数曲线如图 6.2（a）所示。

2. 均匀噪声

均匀噪声的概率密度函数由下式给出：

$$p(z) = \begin{cases} \dfrac{1}{b-a}, & a \leqslant z \leqslant b \\ 0, & 其他 \end{cases} \tag{6.4}$$

其概率密度函数曲线如图 6.2（b）所示。

3. 双极性脉冲噪声（椒盐噪声）

双极性脉冲噪声的概率密度函数由下式给出：

$$p(z) = \begin{cases} P_a, & z = a \\ P_b, & z = b \\ 1 - P_a - P_b, & 其他 \end{cases} \tag{6.5}$$

如果 $b > a$，灰度 b 将在图像中显示为一个亮点；反之，灰度 b 将在图像中显示为一个暗点。如果 P_a 或 P_b 为零，脉冲噪声被称为单极性脉冲。如果 P_a 和 P_b 都不为零，特别是如果它们近似相等，那么脉冲噪声值将类似于随机分布在图像上的胡椒和盐尘颗粒。由于这个原因，双极性脉冲噪声也被称为椒盐噪声，这种类型的噪声也可以用散射粒子噪声和尖峰噪声来称呼。

噪声脉冲可以为正也可以为负，因为与图像信号的强度相比，脉冲污染通常较大，所以在一幅图像中脉冲噪声通常被数字化为最大值（纯黑或纯白）。通常假设 a 和 b 是饱和值，从某种意义上看，在数字化图像中它们等于所允许的最大值和最小值。由于这一结果，负脉冲以一个黑点（胡椒点）出现在图像中，同理，正脉冲以白点（盐粒点）出现在图像中。对于一幅 8 比特图像，这意味着 $a=0$（黑）和 $b=255$（白）。图 6.2（c）显示了脉冲噪声的概率密度函数。

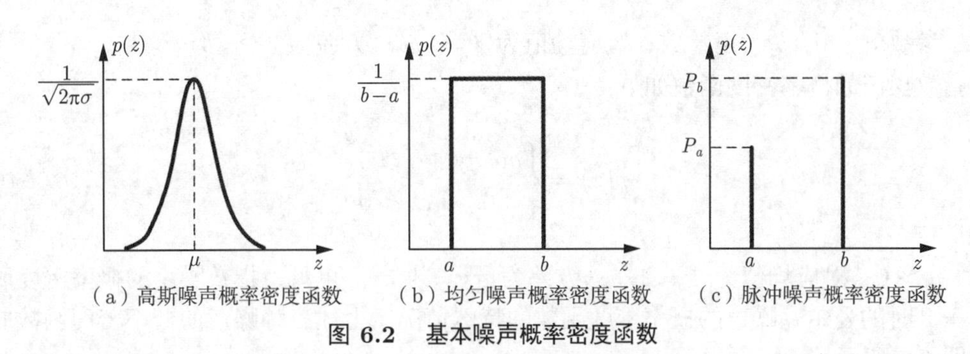

（a）高斯噪声概率密度函数 （b）均匀噪声概率密度函数 （c）脉冲噪声概率密度函数

图 6.2 基本噪声概率密度函数

图 6.3、图 6.4 集中显示了图像受上述噪声污染后的效果及其对应的灰度直方图。

（a）灰度图像 （b）高斯噪声污染图像 （c）均匀噪声污染图像 （d）椒盐噪声污染图像

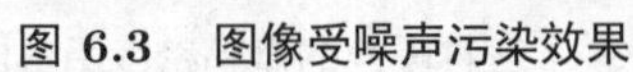

图 6.3 图像受噪声污染效果

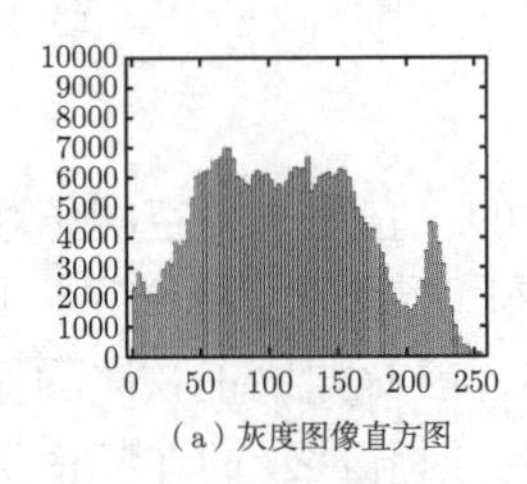

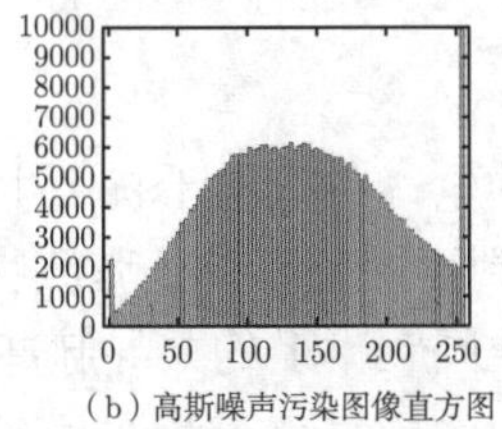

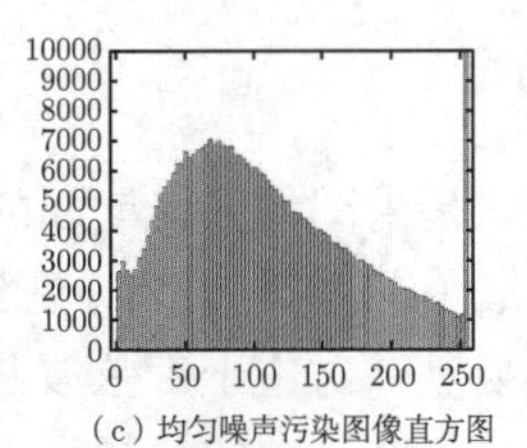

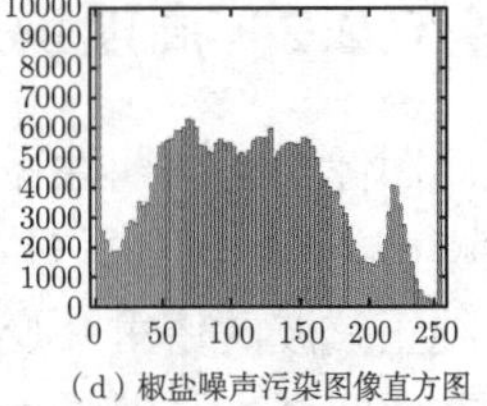

（a）灰度图像直方图 （b）高斯噪声污染图像直方图 （c）均匀噪声污染图像直方图 （d）椒盐噪声污染图像直方图

图 6.4 受噪声污染图像直方图

除上述常见噪声模型外，还有瑞利噪声、伽马噪声、指数噪声等。

瑞利噪声的概率密度函数如下：

$$p(z)=\begin{cases}\dfrac{2}{b}(z-a)\mathrm{e}^{-\frac{(z-a)^2}{b}}, & z\geqslant a\\ 0, & z<a\end{cases} \tag{6.6}$$

其对应的均值为 $\bar{z}=a+\sqrt{\pi b/4}$；方差为 $\sigma^2=b(4-\pi)/4$。

爱尔兰（伽马）噪声的概率密度函数如下：

$$p(z)=\begin{cases}\dfrac{a^b z^{b-1}}{(b-1)!}\mathrm{e}^{-az}, & z\geqslant a\\ 0, & z<a\end{cases} \tag{6.7}$$

其中，参数 $a>0$；b 为正整数；对应均值为 $\bar{z}=b/a$；方差为 $\sigma^2=b/a^2$。

指数噪声的概率密度函数如下：

$$p(z)=\begin{cases}a\mathrm{e}^{-az}, & z\geqslant 0\\ 0, & z<0\end{cases} \tag{6.8}$$

其中，$a>0$；对应均值为 $\bar{z}=1/a$；方差为 $\sigma^2=1/a^2$。可见，指数噪声的概率密度函数是 $b=1$ 时的爱尔兰噪声的概率密度函数的特殊情况。上述三种噪声的概率密度函数曲线图如图 6.5 所示。

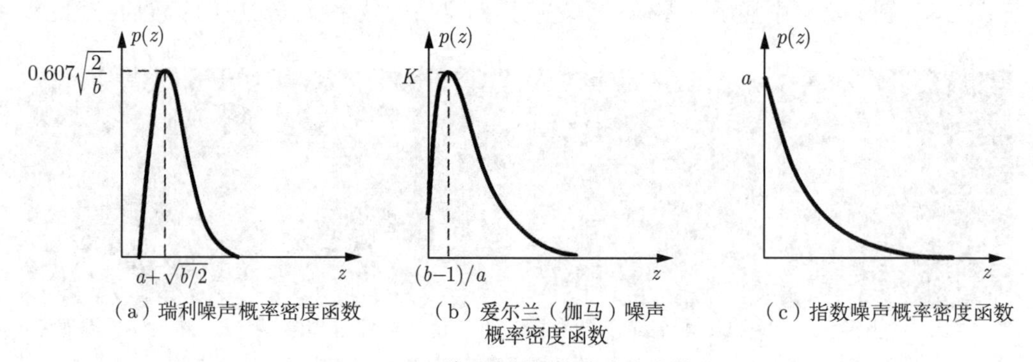

图 6.5　三种噪声的概率密度函数曲线

6.2.2　周期噪声

图像中的周期性噪声是由图像采集期间的电气或机电干扰产生的，它是一种空间依赖性噪声类型。例如，图 6.6（a）中的图像为受到不同频率的正弦波噪声严重干扰的结果。由于纯正弦波的傅里叶变换是一对位于正弦波共同频率上的共导脉冲，因此如果正弦波的振幅在空间域中足够强大，将在该图像的频谱中看到每个正弦波都有一对脉冲，即在频谱图像中出现成对亮点，如图 6.6（b）所示。

6.2.3　噪声估计

噪声概率密度函数的参数一般从传感器的技术描述中得知，但对于特殊的成像设备，往往需要估计这些参数。如果有一个成像系统，研究该系统噪声特性的一个简单方法是获取一组“平坦”环境的图像，由此产生的图像是一个典型系统的噪声的良好指标。以图 6.3

为例，截取出每幅图像中相对“平坦”的局部区域（如图 6.7（a~d）中白色方框区域）并观测其灰度直方图（如图 6.7（e~h）所示），进而可推断其噪声种类。

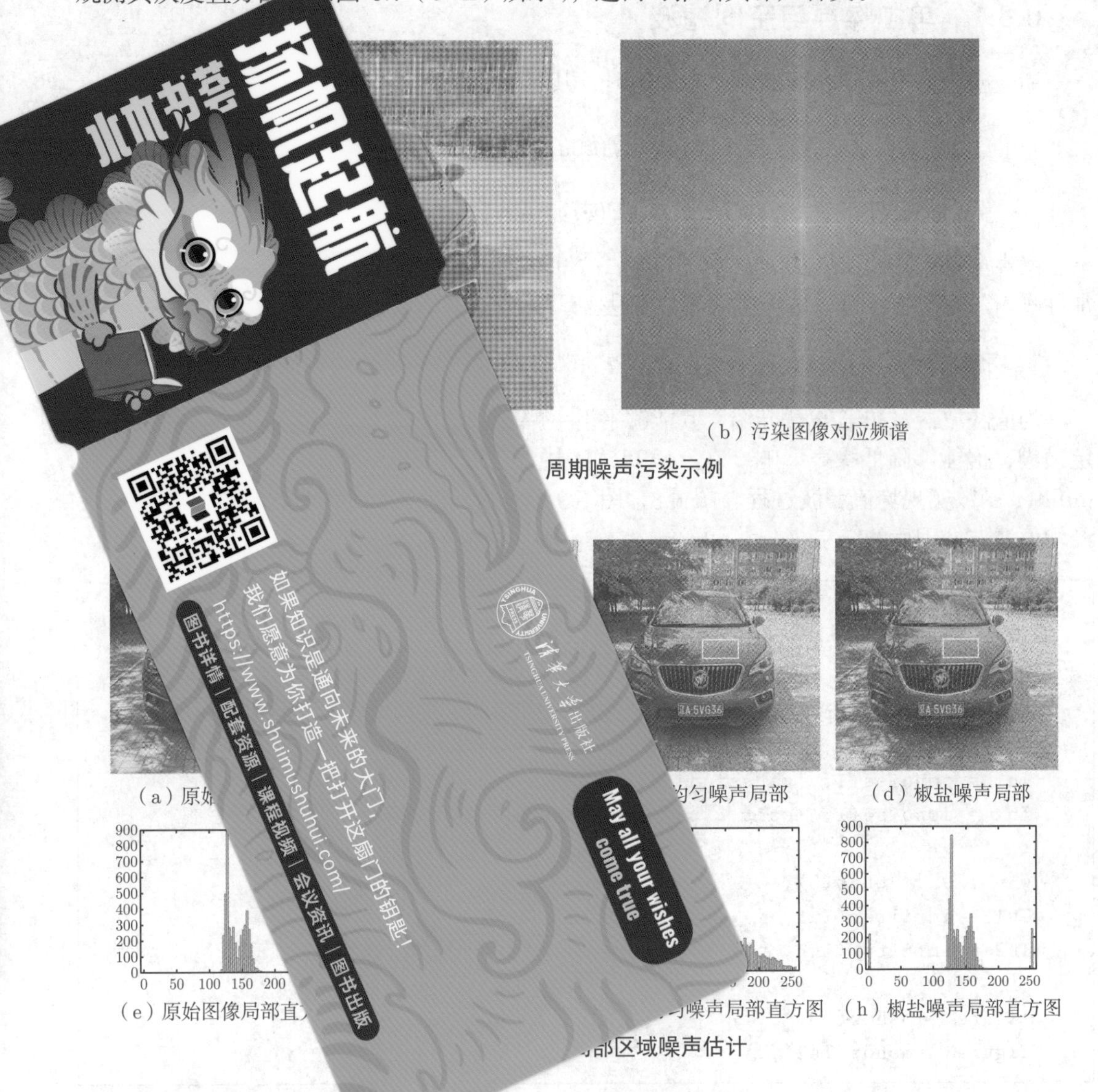

（b）污染图像对应频谱

周期噪声污染示例

（a）原始

均匀噪声局部

（d）椒盐噪声局部

（e）原始图像局部直方

匀噪声局部直方图

（h）椒盐噪声局部直方图

部区域噪声估计

而周期性噪声的参数 检测图像的傅里叶频谱来估计。一般地，周期性噪声往往会产生频率峰值，这些峰值甚至可以通过视觉分析检测出来。另一种方法是尝试直接从图像中推断出噪声成分的周期性，但这只在非常简单的情况下才可能。当噪声尖峰特别明显，或对干扰的频率成分的一般位置有一些了解时，也可实现自动分析。

6.3 噪声与滤波

为了消除图像中的噪声成分，可采用图像滤波操作。对滤波过程有两个要求：一是不破坏图像的轮廓和边缘的重要信息；二是使图像的视觉效果清晰良好。如第 5 章所述，滤波主要分为空间滤波和频域滤波两大类。

6.3.1　单独噪声与空间滤波

当一幅图像中唯一存在的退化是噪声时，其退化模型及其频域对应等效公式变为

$$g(x,y)=f(x,y)+\eta(x,y) \tag{6.9}$$

$$G(u,v)=F(u,v)+N(u,v) \tag{6.10}$$

噪声项是未知的，故从 $g(x,y)$ 或 $G(u,v)$ 中减去它们不是一个现实的选择。当仅存在加性噪声的情况下，可以选择空间滤波方法。

1. 均值滤波器

均值滤波器，如第 5 章介绍，其能够平滑一幅图像中的局部变化，虽然对图像造成一定模糊，但能够降低噪声影响。在 MATLAB 中，可通过构建和为 1 的均匀模板并采用 imfilter 函数实现均值滤波过程。图 6.8、图 6.9 所示为添加高斯噪声与椒盐噪声图像及其经均值滤波处理后的结果。

```
close all;
clear;
clc;
I = imread('s1.png');
I = rgb2gray(I);                                    % 灰度图像
In1 = imnoise(I; 'gaussian', 0.1);                  % 受高斯噪声污染图像
In2 = imnoise(I, 'salt & pepper', 0.1);             % 受椒盐噪声污染图像

w = 1/9 .* ones(3);                                 % 均值滤波掩模
Iu1 = imfilter(In1, w);
Iu2 = imfilter(In2, w);

figure, imshow(Iu1);
figure, imshow(Iu2);
```

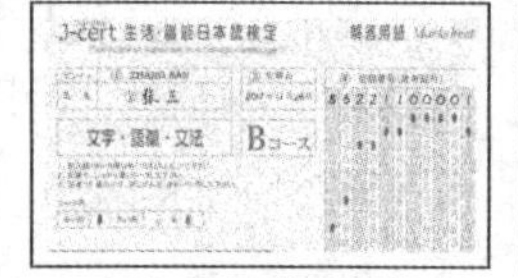

（a）高斯噪声图像

（b）高斯噪声图像进行均值滤波

（c）椒盐噪声图像

（d）椒盐噪声图像进行均值滤波

图 6.8　添加噪声答题卡图像进行均值滤波

（a）高斯噪声图像

（b）高斯噪声图像进行均值滤波

（c）椒盐噪声图像

（d）椒盐噪声图像进行均值滤波

图 6.9　添加噪声车牌图像进行均值滤波

2. 中值滤波器

得益于中值滤波器以区域中值替代像素原灰度值的特点，其对某些类型的随机噪声具有良好的去噪能力，而且比相同大小的线性平滑滤波器造成的模糊更少。在 MATLAB 中，可采用 medfilt2 函数实现中值滤波过程。中值滤波器在应对单极或双极脉冲（椒盐）噪声时特别有效，图 6.10、图 6.11 所示为添加高斯噪声与椒盐噪声图像及其经中值滤波处理后的结果。

```
close all;
clear;
clc;
I = imread('s1.png');
I = rgb2gray(I);                              % 灰度图像
In1 = imnoise(I, 'gaussian', 0.1);            % 受高斯噪声污染图像
In2 = imnoise(I, 'salt & pepper', 0.1);       % 受椒盐噪声污染图像

Iu1 = medfilt2(In1, [3,3]);
Iu2 = medfilt2(In2, [3,3]);

figure, imshow(Iu1);
figure, imshow(Iu2);
```

（a）高斯噪声图像

（b）高斯噪声图像进行中值滤波

（c）椒盐噪声图像

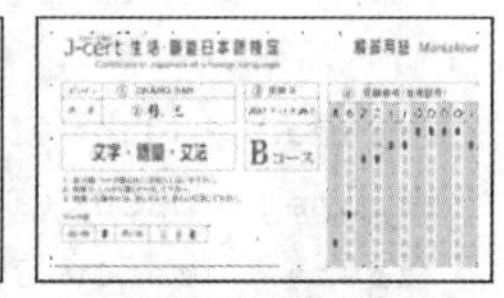

（d）椒盐噪声图像进行中值滤波

图 6.10　添加噪声答题卡图像进行中值滤波

3. 最大值和最小值滤波器

尽管到目前为止，中值滤波器是图像处理中最常用的统计排序过滤器，但它绝不是唯一，从基本统计学中可知，排序本身还有许多其他可能性。例如，可以使用序列中的最后

一个值，称为最大值滤波器，这个滤波器对于找到图像中最亮的点非常有用。由于胡椒噪声的灰度值非常低(一般为0)，在滤波器模板区域寻找最大值的过程，可以减少胡椒噪声。相应地，选择序列起始值的滤波器称为最小值滤波器，对于寻找图像中的最暗点非常有用。同样，由于寻找最小值的操作，它可以减少盐粒噪声。在 MATLAB 中，可采用 ordfilt2 函数实现最大值与最小值滤波过程。图 6.12 显示了最大值和最小值滤波器对胡椒噪声与椒盐噪声的滤波效果。

(a) 高斯噪声图像

(b) 高斯噪声图像进行中值滤波

(c) 椒盐噪声图像

(d) 椒盐噪声图像进行中值滤波

图 6.11 添加噪声车牌图像进行中值滤波

```
close all;
clear;
clc;
I = imread('s1.png');
I = rgb2gray(I);                              % 灰度图像
Ip = imnoise(I, 'salt & pepper', 0.2);
Ip(Ip==255) = I(Ip==255);                     % 取椒盐噪声中的胡椒噪声

Imax = ordfilt2(Ip, 9, ones(3));              % [3,3]最大值滤波

Is = imnoise(I, 'salt & pepper', 0.2);
Is(Is == 0) = I(Is == 0);                     % 取椒盐噪声中的盐粒噪声

Imin = ordfilt2(Is, 1, ones(3));              % [3,3]最小值滤波

figure, imshow(Ip);
figure, imshow(Imax);
figure, imshow(Is);
figure, imshow(Imin);
```

除了上述空间滤波器，在实际应用中还有其他滤波器，如同属于均值滤波器的几何均值滤波器、谐波均值滤波器，基于统计排序的中值滤波器、最大值和最小值滤波器、中点滤波器，以及滤波性能更好但计算复杂度更高的自适应滤波器等。所有空间滤波器根据其自身特性，能够在某些场景中针对特定噪声具有良好的性能表现，因此当面对加性噪声时，需要具体问题具体分析，选择合适的空间滤波器。

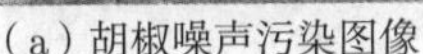

（a）胡椒噪声污染图像　（b）胡椒噪声图像进行最大值滤波　（c）盐粒噪声污染图像　（d）盐粒噪声图像进行最小值滤波

图 6.12　添加噪声车牌图像进行最大值和最小值滤波

6.3.2　周期噪声与频域滤波

周期性噪声可以使用频域技术进行有效分析和过滤，这是由于周期性噪声作为集中的能量脉冲将出现在与周期性干扰相应的频率上，因此可以用一个频域选择性滤波器将噪声分离出来。一般使用三种类型的选择性滤波器（带阻滤波器、带通滤波器和陷波滤波器）来消除基本的周期性噪声。

1. 带阻滤波器与带通滤波器

如 5.2 节中介绍，实际应用中的某些图像有用信息可能出现在图像频谱的某一个频率范围内，或者某些需要去除的信息出现在某一个频率范围内。带通和带阻滤波器能够允许特定频率范围内的频率分量通过，其中，带通滤波器允许一定频率范围内的信号通过而阻止其他频率范围内的信号通过，带阻滤波器则刚好相反，其抑制一定频率范围内的信号，可以用来消除一定频率范围的周期噪声。

在 5.2.3 小节中介绍的理想带阻滤波器、巴特沃思带阻滤波器和高斯带阻滤波器的传递函数由式 (5.23)~ 式 (5.25) 给出，图 6.13 显示了这些滤波器的透视图。

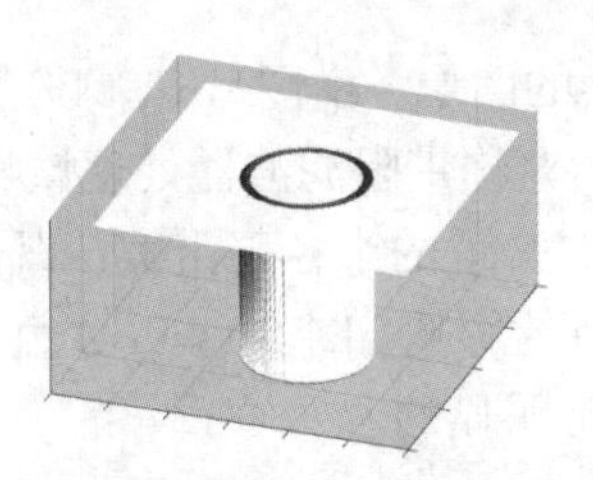

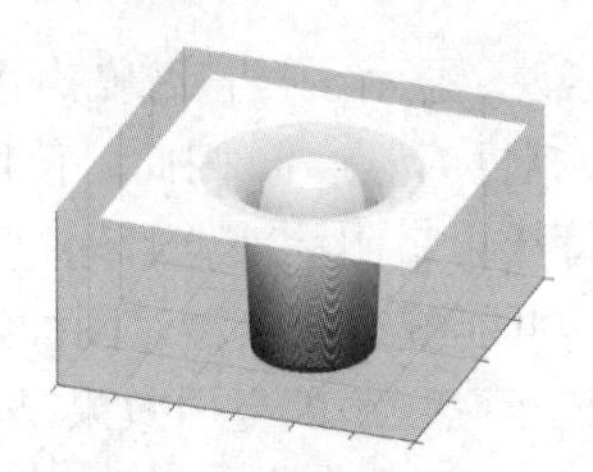

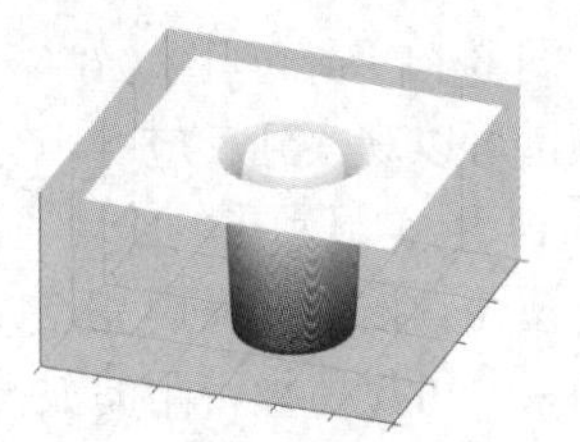

（a）理想带阻滤波器　（b）巴特沃思带阻滤波器（1阶）　（c）高斯带阻滤波器

图 6.13　带阻滤波器透视图

图 6.14 显示了使用一个带阻滤波器降低周期噪声的效果，其程序如下。

```
close all;
clear;
clc;
f = imread('s1.png');                                % 正弦噪声污染图像
```

```
Fuv = fftshift(fft2(double(f)));                      % 图像傅里叶频谱

[u, v] = freqspace(size(f),'meshgrid');
Duv = sqrt(u.^2+v.^2);
D0 = 0.2;                                             % 半径
w = 0.03;                                             % 带宽
n = 1;                                                % 阶数

Huv = 1./(1+(w*Duv./(Duv.^2-D0.^2)).^(2*n));         % 巴特沃思带阻滤波器函数

f_hat = real(ifft2(ifftshift(Fuv.*Huv)));             % 滤波结果

figure, imshow(f);
figure, imshow(log(abs(Fuv)), []);
figure, imshow(Huv, []);
figure, imshow(mat2gray(f_hat))
```

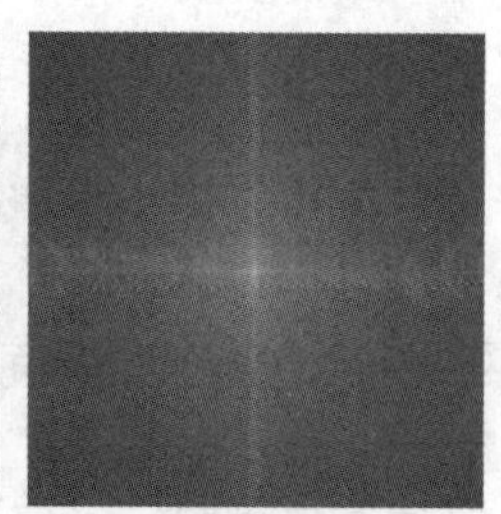
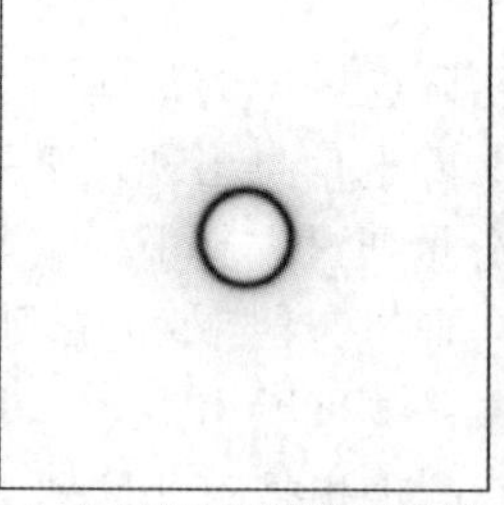

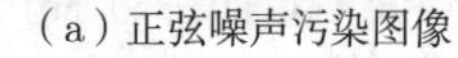

（a）正弦噪声污染图像　（b）图像傅里叶频谱　（c）巴特沃思带阻滤波器　（d）滤波结果

图 6.14　巴特沃思带阻滤波器对正弦噪声滤波

图 6.14（a）与图 6.6（a）类似，显示了被正弦噪声污染的图像。由图 6.14（b）傅里叶频谱可以观察到反应噪声分量的对称亮点对，因此可使用圆对称带阻滤波器处理该噪声。图 6.14（c）显示了一个 1 阶巴特沃思带阻滤波器，通过设置合适的半径与带宽，既能够完全覆盖频谱中的噪声亮点，又尽可能减小滤波器对图像细节的影响。图 6.14（d）显示滤波结果，可见所设带阻滤波器对该正弦噪声的复原效果是非常明显的。

2. 陷波滤波器

陷波滤波器阻断（或通过）中心频率附近的预先定义的频率，由若干对高通滤波器组成，图 6.15 分别显示了理想、巴特沃斯和高斯陷波（带阻）滤波器的透视图。要获得有效的结果，陷波滤波器必须是关于原点的对称形式。在实际使用中，陷波滤波器的数量是任意的，陷阱区域的形状也可以是任意的（如矩形）。

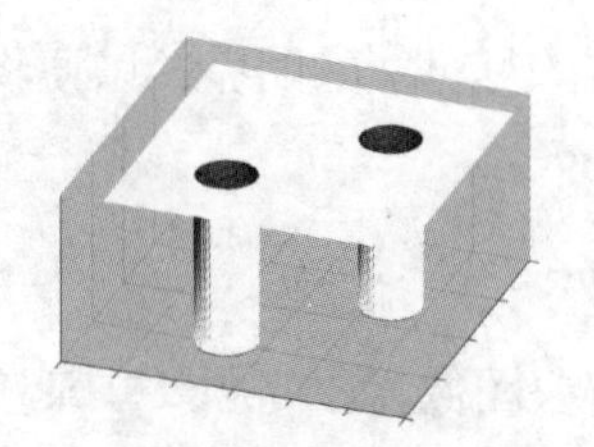
（a）理想陷波滤波器

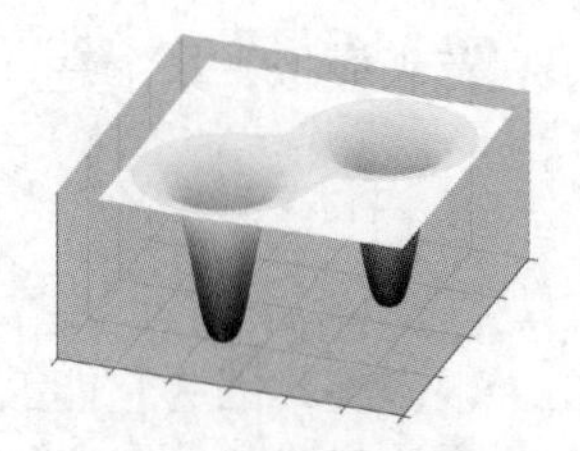
（b）巴特沃思陷波滤波器

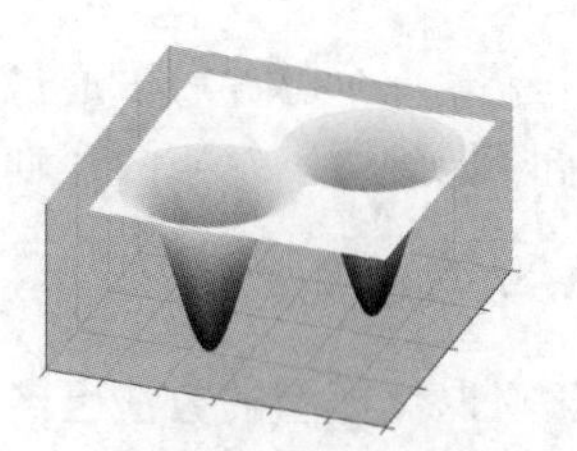
（c）高斯陷波滤波器

图 6.15 陷波滤波器透视图

6.4 退化函数与滤波

6.4.1 退化函数估计

在图像复原中，有三种主要的方法用来估计退化函数：观察法、实验法、数学建模法。由于真正的退化函数很少被完全知道，因此使用以某种方式估计得出的退化函数来复原图像的过程称为盲去卷积。

1. 观察法

给定一个退化的图像，基于图像是由一个线性的、位置不变的退化过程得到的这一假设，估计退化函数 H 的一种方法是收集图像本身的信息。例如，如果图像已经模糊了，那么可以查看图像中包含样本结构的一个小的矩形区域，比如一个物体和一部分背景。为了减少噪声的影响，可以寻找一个信号含量强的区域（例如，高对比度的区域）。下一步是对子图像进行处理，以获得尽可能不模糊的结果。

令 $g_s(x,y)$ 表示要观察的子图像，令 $\hat{f}_s(x,y)$ 表示处理过的子图像（现实中，该图像是原图像在该区域的估计图像）。假设噪声的影响由于选择了一个强信号区域而可以忽略，可得

$$H_s(u,v)=\frac{G_s(u,v)}{\hat{F}_s(u,v)} \tag{6.11}$$

基于这个函数特性，就可以在噪声在频域内位置不变这一假设的基础上还原完整的退化函数 $H_s(u,v)$。例如，假设 $H(u,v)$ 的径向曲线具有高斯曲线的近似形状，则可以利用这一信息来构造一个在更大范围内具有基本相同形状的函数 $H(u,v)$，然后将 $H(u,v)$ 用于某种复原方法中。很明显，这是一个非常麻烦的处理方法，只在特殊情况下使用，比如恢复一张有历史价值的老照片。

2. 实验法

如果可以使用类似于获取退化图像的设备，理论上是可以获得退化的准确估计的。可以用各种系统设置获得与退化图像相似的图像，直到这些图像的退化程度尽可能接近希望恢复的水平。之后，处理思路是使用同一系统对脉冲（小亮点）进行成像，以获得退化的

脉冲响应。一个脉冲可以通过一个亮点来模拟，这个亮点应该尽可能的明亮，以便将噪声的影响降低到可以忽略的程度。

3. 数学建模法

建立退化模型的方法已经使用了很多年，因为它能够解决图像复原问题。在某些情况下，这些模型甚至可以考虑到导致退化的环境条件。例如，Hufnagel 和 Stanley 提出的退化模型是基于大气湍流的物理特性，该模型的通用形式是

$$H(u,v)=\mathrm{e}^{-k(u^2+v^2)^{5/6}} \tag{6.12}$$

其中，k 是一个与湍流性质有关的常数。该方程与高斯低通滤波器的形式相同，只是指数为 5/6 次方。

6.4.2 逆滤波

最简单的复原方法是直接做逆滤波，即使用已经得知或者估计出的退化函数 $H(u,v)$ 除退化图像的傅里叶变换 $G(u,v)$ 来计算原始图像傅里叶变换的估计 $\hat{F}(u,v)$，即

$$\hat{F}(u,v)=\frac{G(u,v)}{H(u,v)}=F(u,v)+\frac{N(u,v)}{H(u,v)} \tag{6.13}$$

由式 (6.13) 可知，即使已经获得了退化函数，也不能准确复原出理想图像，因为 $N(u,v)$ 未知。更糟糕的情况是作为分母的退化函数非常小甚至是零值，导致理想图像的估计 $\hat{F}(u,v)$ 受 $N(u,v)/H(u,v)$ 项严重影响。

如图 6.16 所示，其中图 6.16（a）为理想图像先经式 (6.12) 所描述退化函数在 $k=0.0025$ 情况下退化，再添加高斯白噪声所得到的模拟退化图像。由于已知退化函数，尝试直接进行逆滤波复原图像，其结果为图 6.16（b）所示，可见逆滤波结果是失败的。通过观察逆滤波结果的频谱图 6.16（c）可以发现，在边缘位置具有强响应，这正是由退化函数在这些位置取值非常小甚至为零导致的。解决该问题的一种方法是限制滤波的频率，比如采用一个阶数为 10 的巴特沃思低通函数，通过设置截止半径来实现限制滤波的频率，将频率限制在原点附近。图 6.16（d）所示为截止半径为 60 的情况下逆滤波结果，可见复原有所成效。

（a）模拟退化图像

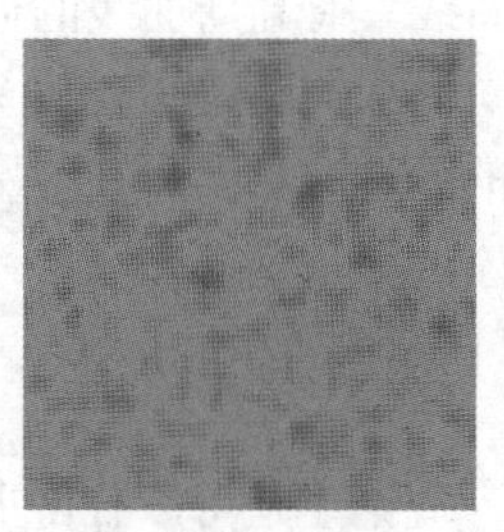
（b）逆滤波结果

（c）逆滤波结果频谱

（d）带截止半径的逆滤波结果

图 6.16　逆滤波结果与带截止半径的逆滤波结果

这个例子的结果表明，一般直接逆滤波的性能是较差的，接下来将介绍改进直接逆滤波的方法。

6.4.3 最小均方误差（维纳）滤波

维纳滤波器，是一种基于最小均方误差算法的滤波器，其原理是将图像和噪声视为随机变量，通过找到未污染图像 f 的一个估计 $\hat{f}$，使它们之间的均方误差最小，进而实现图像复原。可由下式度量误差：

$$e^2 = \mathbb{E}[(f - \hat{f})^2] \tag{6.14}$$

其中，$\mathbb{E}$ 为期望。这里假设噪声和图像不相关，其中一个有零均值，且估计中的灰度级是退化图像中灰度级的线性函数。基于这些条件，均方误差函数的最小值在频率域中由如下表达式给出：

$$\begin{aligned}\hat{F}(u,v) &= \left[\frac{H^*(u,v)S_f(u,v)}{S_f(u,v)|H(u,v)|^2 + S_\eta(u,v)}\right]G(u,v)\\ &= \left[\frac{H^*(u,v)}{|H(u,v)|^2 + S_\eta(u,v)/S_f(u,v)}\right]G(u,v)\\ &= \left[\frac{1}{H(u,v)}\frac{|H(u,v)|^2}{|H(u,v)|^2 + S_\eta(u,v)/S_f(u,v)}\right]G(u,v)\end{aligned} \tag{6.15}$$

其中，$H(u,v)$ 为退化函数；$H^*(u,v)$ 为 $H(u,v)$ 的复共轭；$|H(u,v)|^2 = H^*(u,v)H(u,v)$；$S_\eta(u,v) = |N(u,v)|^2$ 为噪声的功率谱，也称为噪声的自相关；$S_f(u,v) = |F(u,v)|^2$ 为理想图像的功率谱，也称为图像的自相关。方括号中的项可视为一种滤波器的函数，这种滤波器通常被称为最小均方误差滤波器。可以发现，如果噪声为零，则噪声功率谱消失，维纳滤波简化为逆滤波。当处理白噪声时，噪声功率谱是一个常数，而理想图像的功率谱很少是已知的，但有时可将噪声与理想图像的功率谱之比，即噪声信号比可作为一个常数进行估计。

在 MATLAB 中，采用函数 deconvwnr 实现维纳滤波，图 6.17 所示为逆滤波与维纳滤波对退化图像的复原效果。其中图 6.17（a）为理想图像经过运动模糊退化，再添加高斯白噪声所得到的模拟退化图像。通过设置噪声为零，即功率谱之比为零，将维纳滤波简化为逆滤波，测试其复原结果如图 6.17（b）所示。可见，维纳滤波的复原效果图 6.17（c）相比直接逆滤波图 6.17（b）具有明显提升。

```
close all;
clear;
clc;

f = imread('s1.png');                                   % 原始灰度图像
f = im2double(f);

LEN = 21;
```

```
THETA = 11;
PSF = fspecial('motion', LEN, THETA);
fh = imfilter(f, PSF, 'conv', 'circular');                 % 以卷积方式施
   % 加运动模糊退化效果

noise_mean = 0;
noise_var = 0.001;
g = imnoise(fh, 'gaussian', noise_mean, noise_var);       % 添加高斯白噪
  % 声，模拟退化图像

estimated_nsr = 0;
f_hat1 = deconvwnr(g, PSF, estimated_nsr);                 % 设噪声为零，
  % 维纳滤波简化为逆滤波

estimated_nsr = 0.05;                                     % 噪声信号比的
  % 一个更好的估计
f_hat2 = deconvwnr(g, PSF, estimated_nsr);                 % 维纳滤波结果


figure, imshow(g, 'border', 'tight');
figure, imshow(f_hat1, 'border', 'tight');
figure, imshow(f_hat2, 'border', 'tight');
```

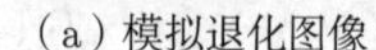
（a）模拟退化图像

（b）逆滤波结果

（c）维纳滤波结果

图 6.17　维纳滤波复原图像

6.4.4　约束最小二乘方滤波

在维纳滤波中，理想图像和噪声的功率谱必须是已知的，或者对其功率谱之比进行常数估计，这在实际应用中比较困难。如果已知噪声的方差和均值，则可采用约束最小二乘方滤波实现图像复原。约束最小二乘方复原是一种以平滑度为基础的图像复原方法，即寻找退化函数使理想图像是平滑的。而反应图像平滑度可采用图像的二阶导数，即拉普拉斯算子，因此设计目标函数为

$$\min \sum_{x} \sum_{y} [p\hat{f}(x,y)]^2 \tag{6.16}$$

并且服从约束条件：

$$||g - h * \hat{f}||^2 = ||\eta||^2 \tag{6.17}$$

其中，p 为拉普拉斯算子；$||\cdot||^2$ 是欧几里得向量范数；$\hat{f}$ 是理想图像的估计。进而，最优化问题在频率域中的解决由下面的表达式给出：

$$\hat{F}(u,v) = \left[\frac{1}{H(u,v)}\frac{|H(u,v)|^2}{|H(u,v)|^2 + \gamma|P(u,v)|^2}\right]G(u,v) \tag{6.18}$$

其中，γ 为调节参数，$P(u,v)$ 为 p 的傅里叶变换。当 $\gamma = 0$ 时，约束最小二乘方滤波简化为逆滤波。

在 MATLAB 中，采用函数 deconvreg 实现约束最小二乘方滤波，图 6.18 所示为约束最小二乘方滤波对退化图像（a）的复原效果。该函数可以在噪声完全未知的情况下实现图像复原，如图 6.18（b）所示，其效果不尽如人意。而在已知噪声信息的情况下，该函数以噪声功率为额外输入，可提高图像复原效果，如图 6.18（c）所示。

（a）模拟退化图像

（b）直接滤波结果

（c）给定噪声功率后滤波结果

图 6.18 约束最小二乘方滤波复原图像

```
close all;
clear;
clc;
f = imread('s1.png');                                    % 原始灰度图像
f = im2double(f);

LEN = 21;
THETA = 11;
PSF = fspecial('motion', LEN, THETA);
fh = imfilter(f, PSF, 'conv', 'circular');               % 以卷积方式施
   % 加运动模糊退化效果

noise_mean = 0;
noise_var = 0.0001;
g = imnoise(fh, 'gaussian', noise_mean, noise_var);      % 添加高斯白噪
  % 声，模拟退化图像
```

```
figure, imshow(g);

f_hat1 = deconvreg(g, PSF);
figure, imshow(f_hat1);                                          % 直接进行约束
  % 最小二乘方滤波

Npower = noise_var * numel(f);
[f_hat2, lagra] = deconvreg(g, PSF, Npower);                     % 给定噪声功
  % 率，进行约束最小二乘方滤波并计算参数\gamma
figure, imshow(f_hat2);
```

第7章

数学形态学处理

CHAPTER 7

7.1　形态学处理基础

形态学处理，是图像处理中应用最为广泛的技术之一，主要用于从图像中提取对表达和描绘区域形状有意义的图像分量，使后续的识别工作能够抓住目标对象最为本质的形状特征，如边界和连通区域等。同时像粗化、细化和修剪毛刺等技术也常应用于图像的预处理和后处理中，成为其他图像处理技术的有力补充。

在数字图像处理中，形态学是借助集合论的语言来描述的。在数字图像处理的形态学运算中，常常把一幅图像或者图像中一个感兴趣的区域称作集合，用大写字母 A、B、C 等表示；而元素通常是指一个单个的像素，用小写字母表示。二值图像可以表示为其分量在二维整数空间 $\mathbb{Z}^2$ 中的集合，集合中每个元素的两个分量表示图像中一个白色（或黑色，取决于事先约定）像素的坐标。灰度图像可以表示为其分量在空间 $\mathbb{Z}^3$ 中的集合，集合中每个元素的其中两个分量表示像素的坐标，另一个分量则表示该像素的灰度值。

7.1.1　腐蚀与膨胀

腐蚀（Erode）与膨胀（Dilate）是形态学处理的基础，很多其他的高级形态学算法都以这两种操作为基础复合而成。

1. 腐蚀

对 $\mathbb{Z}^2$ 上的元素集合 X 和 S，使用集合 S 对集合 X 进行腐蚀运算，用符号表示为 $X \ominus S$，形式化的定义为

$$X \ominus S = \{x | S + x \subseteq X\} \tag{7.1}$$

对于二值图像，X 为待处理图像，S 为结构元素。理论上 S 这种元素可以是任意的形状，实际应用中 S 一般是对称形状的二值图像，可以是正方形、圆形、矩形等。

从集合角度，腐蚀运算过程为结构元素 S 在整个 $\mathbb{Z}^2$ 平面上移动，如果 S 的原点平移至 x 点时 S 能够完全包含于 X 中，则保留 x 点，最后所有这样的 x 点构成的集合即为 S 对 X 的腐蚀结果，如图 7.1 所示。

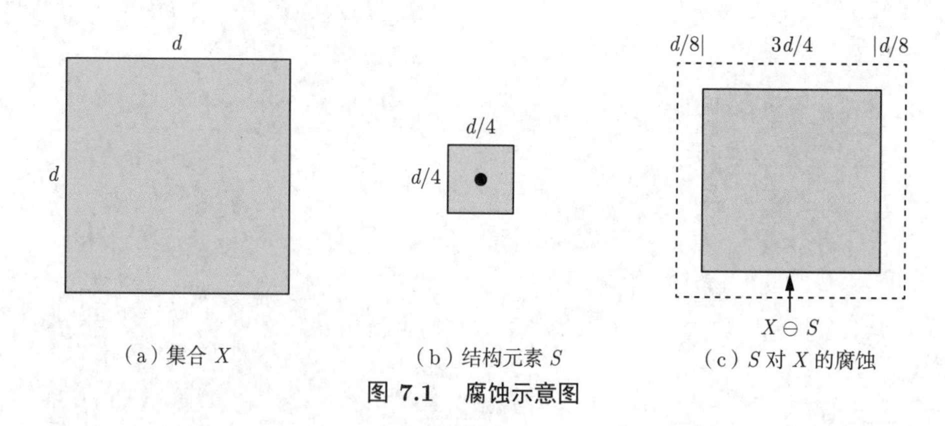

（a）集合 X　（b）结构元素 S　（c）S 对 X 的腐蚀

图 7.1　腐蚀示意图

从图像计算角度，腐蚀运算中的结构元素 S 是可视为一个卷积模板的二值图像，如图 7.2（b）所示，其左上角的像素为原点。而腐蚀运算的基本过程就是在如图 7.2（a）所示的待处理图像 X 中移动结构元素 S，每当结构元素像素值为 1 的位置与待处理图像 X 中像素为 1 的位置重合时，则将结构元素原点在结果图像中的位置对应的像素值置为 1，否则置为 0，其结果如图 7.2（c）所示。

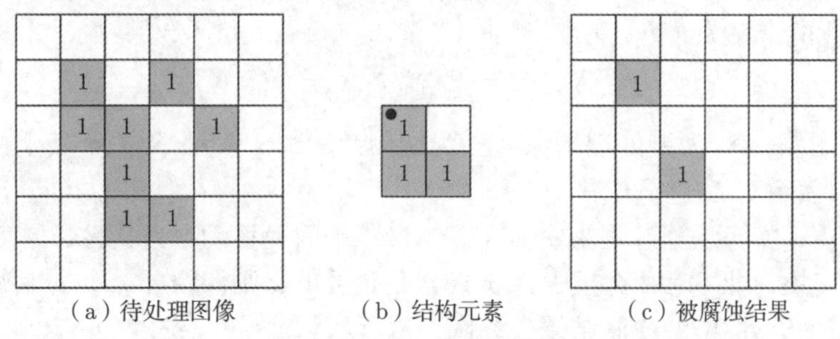

（a）待处理图像　　（b）结构元素　　（c）被腐蚀结果

图 7.2　腐蚀运算过程

在 MATLAB 中，采用 strel 函数构建结构元素，imerode 函数实现腐蚀操作。以答题卡局部图像为例，分别采用 3×3 像素和 7×7 像素大小的结构元素对二值图像进行腐蚀处理，结果如图 7.3 所示。

```
clear;
close all;
clc;

I = imread('s3.jpg');
Ibw = imbinarize(I);
SE = strel('square', 3);                % [3,3]结构元素
Ierode = imerode(Ibw, SE);              % 腐蚀操作

figure, imshow(I);
figure, imshow(Ierode);
```

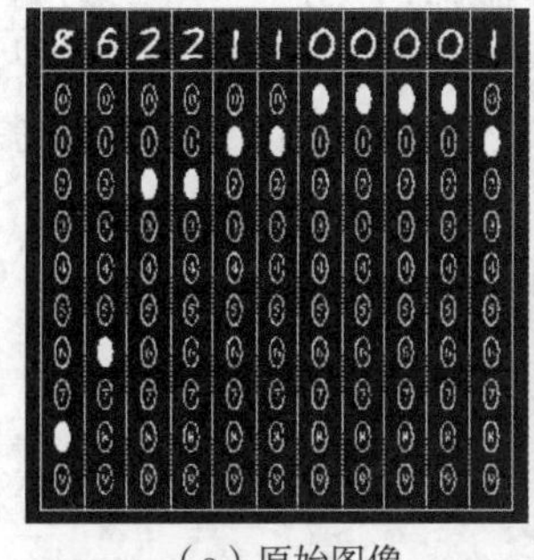

（a）原始图像

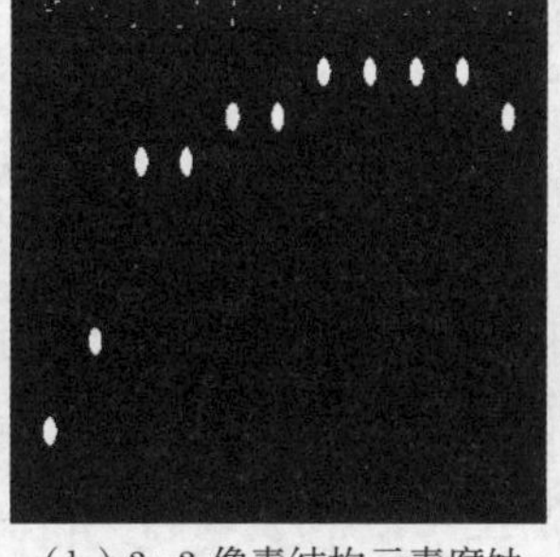

（b）3×3 像素结构元素腐蚀

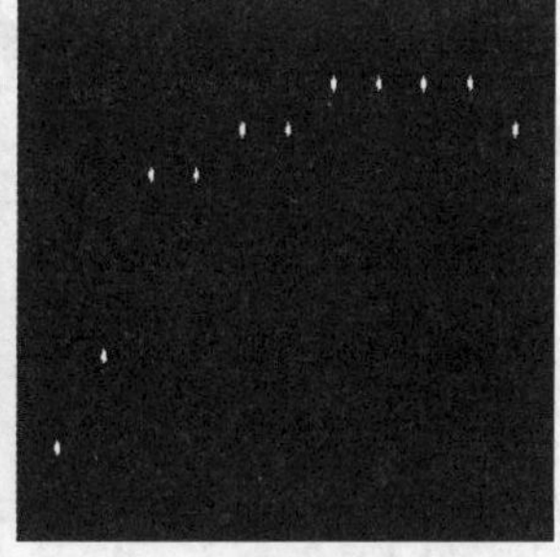

（c）7×7 像素结构元素腐蚀

图 7.3　腐蚀结果示例

由于形态学运算中的结构元素通常都具有一定的尺寸，当结构元素位于图像边缘时，其中的某些元素很可能会位于图像之外，这时需要对在边缘附近的操作单独处理，以避免引用到本不属于图像的无意义的值，这类似于滤波操作中的边界处理问题。

2. 膨胀

对 $\mathbb{Z}^2$ 上的元素集合 X 和 S，使用集合 S 对集合 X 进行膨胀运算，用符号表示为 $X \oplus S$，形式化的定义为

$$X \oplus S = \{x|\hat{S}_x \cap X \neq \phi\} \tag{7.2}$$

对于二值图像，X 为待处理图像，S 为结构元素，$\hat{S}$ 表示 S 关于其坐标原点的反射（对称集），$\hat{S}_x$ 表示对 $\hat{S}$ 进行位移 x 的平移。

从集合角度，膨胀运算过程为使 S 在整个 $\mathbb{Z}^2$ 平面上移动，当其自身原点平移至 x 点时 $\hat{S}$ 和 X 有交集，即 $\hat{S}$ 和 X 至少有 1 像素是重叠的，则保留 x 点，最后所有这样的 x 点构成的集合为 S 对 X 的膨胀结果，如图 7.4 所示。

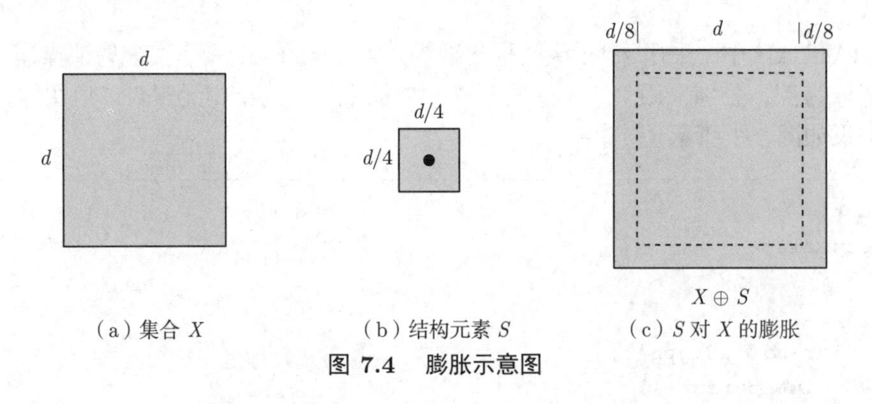

（a）集合 X　（b）结构元素 S　（c）S 对 X 的膨胀

图 7.4　膨胀示意图

从图像计算角度，结构元素 S 的形状大小及原点位置对结果是有影响的，不同形状的 S 对同样的图片进行处理得到的结果是不一样的。与腐蚀操作类似，S 经常采用对称结构，所以 S 和 $\hat{S}$ 是一样的形状，只是原点位置发生了变化。膨胀运算的基本过程可以简单地理解为，把结构元素 S 的对称集 $\hat{S}$ 在图像 X 中逐步移动，当 $\hat{S}$ 的原点移动到某位置，$\hat{S}$ 与 X 中取 1 的位置重合时，则将图像 X 中的该位置标记为 1。

图 7.5 显示了该计算过程。其中图 7.5（a）为待处理图像 X；图 7.5（b）为结构元素 S，大小为 2×2 像素的二值图像，左上角的像素为其原点；图 7.5（c）为 $\hat{S}$，需要注意的是原点已经被对称为右下角；X 被 S 膨胀过的结果如图 7.5（d）所示，没有底纹的 0 表示与原图像的差别，它是唯一一个原像素为 1 被变成了 0，其他的均为 0 变成 1，可以看出结果比原来大了一圈，而且中间的空洞也被填补上了，即被“膨胀”的效果。

膨胀运算作用与腐蚀相反，膨胀可以对二值化物体边界点扩充，将与物体接触的所有背景点合并到该物体中，使边界向外扩张，具体的膨胀结果与图像本身和结构元素的形状有关。如果两个物体之间的距离比较近，会把两个物体连通到一起，对填补图像分割后物体的空洞有用。MATLAB 中采用 imdilate 函数实现膨胀操作。以车牌字符为例，采用半径 3 和半径 7 的圆形结构元素对二值图像进行膨胀处理，结果如图 7.6 所示。

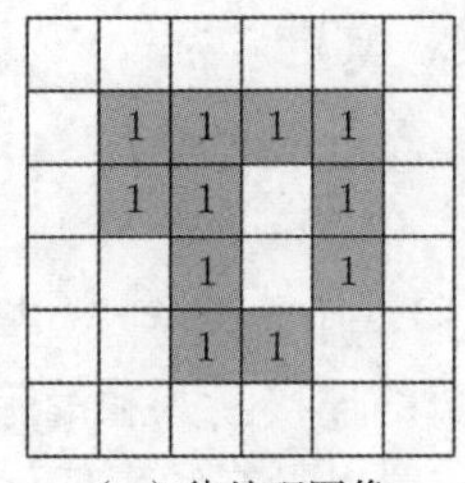

（a）待处理图像

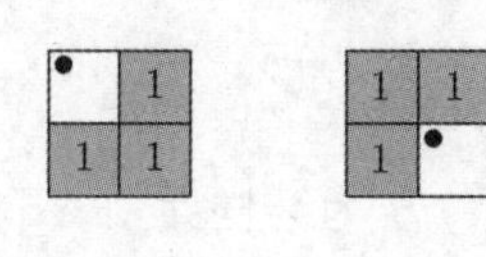

（b）结构元素　（c）结构元素的对称

（d）被膨胀结果

图 7.5　膨胀计算过程

```
clear;
close all;
clc;

I = imread('s2.jpg');
Ibw = imbinarize(I);
SE = strel('disk', 3);                % 结构元素
Idilt = imdilate(Ibw, SE);              % 膨胀操作

figure, imshow(I);
figure, imshow(Idilt);
```

（a）原始图像　（b）半径 3 结构元素膨胀　（c）半径 7 结构元素膨胀

图 7.6　膨胀结果示例

7.1.2　开运算与闭运算

如 7.1.1 小节所见，膨胀能够填充图像中比结构元素小的孔洞以及图像边缘处的小凹陷，扩大一幅图像的组成部分，而腐蚀则可以消除图像中小于结构元素的区域以及图像边缘的一些毛刺，缩小一幅图像的组成部分。本小节介绍两个由膨胀运算和腐蚀运算复合而成的形态学算法：开运算与闭运算。开运算是使用同一个结构元素对图像进行先腐蚀后膨胀，一般会平滑物体的轮廓、断开较窄的狭颈并消除细的突出物。而闭运算是使用同一个结构元素对图像进行先膨胀后腐蚀，同样也会平滑轮廓的一部分，但与开操作相反，它通常会弥合较窄的间断和细长的沟壑，消除小的孔洞，填补轮廓线中的断裂。

1. 开运算

先进行腐蚀运算后进行膨胀运算的组合运算称为开启运算，简称开运算。开运算的运

算符为“$\circ$”，集合 X 用集合 S 来开启，用符号表示为 $X \circ S$，其定义为

$$X \circ S = (X \ominus S) \oplus S \tag{7.3}$$

对于二值图像，X 为待处理图像，S 为结构元素。开运算通常用来消除小对象物体、在纤细部分处分离物体、平滑较大物体图像的轮廓，还能使狭窄的连接断开和消除毛刺。与腐蚀不同的是，图像的轮廓并没有发生整体的收缩，物体的位置也没有发生任何变化。

图 7.7 是一个开运算过程示意图。图 7.7（a）是待处理图像 X，图 7.7（b）是结构元素 S，图 7.7（c）是用结构元素 S 对待处理图像 X 进行腐蚀运算的结果，即 $X \ominus S$，这是开运算的第一步。图 7.7（d）是用结构元素 S 对待处理图像进行开运算处理的结果，即对图 7.7（c）所示的腐蚀结果做膨胀操作。

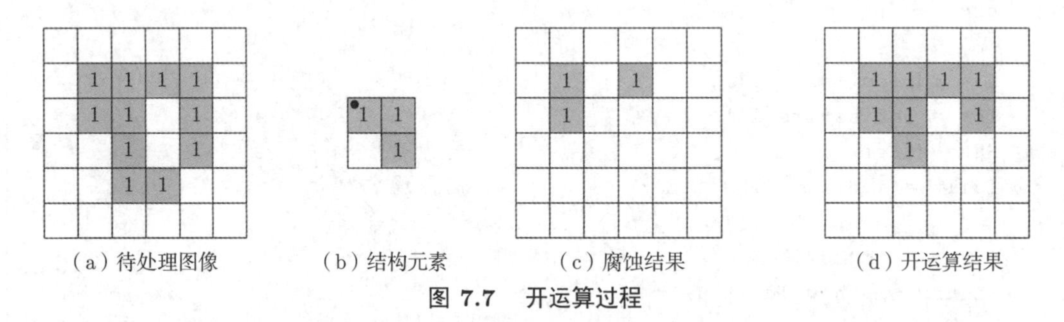

（a）待处理图像　（b）结构元素　（c）腐蚀结果　（d）开运算结果

图 7.7　开运算过程

MATLAB 中采用 imopen 函数实现开运算操作，结果如图 7.8 所示。

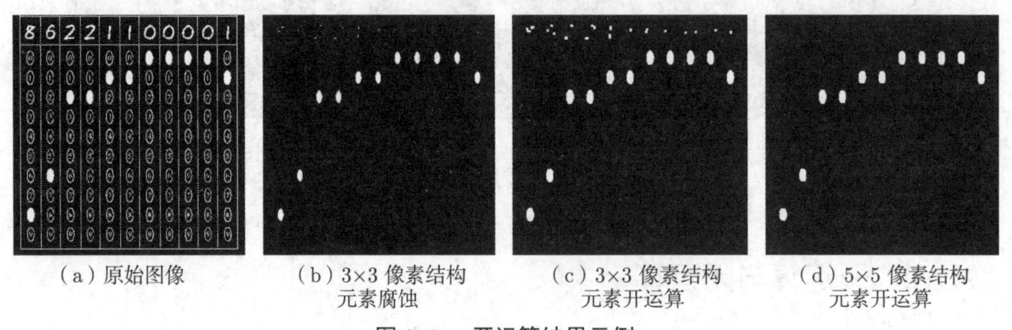

（a）原始图像　（b）3×3 像素结构元素腐蚀　（c）3×3 像素结构元素开运算　（d）5×5 像素结构元素开运算

图 7.8　开运算结果示例

```
clear;
close all;
clc;

I = imread('s3.jpg');
Ibw = imbinarize(I);
SE = strel('square', 5);              % 结构元素
Iop = imopen(Ibw, SE);                % 开运算操作
```

```
figure, imshow(I);
figure, imshow(Iop);
```

2. 闭运算

先进行膨胀运算后进行腐蚀运算的组合运算称为闭合运算，简称闭运算。闭运算的运算符为“$\bullet$”，集合 X 用集合 S 来闭合，用符号表示为 $X \bullet S$，其定义为

$$X \bullet S = (X \oplus S) \ominus S \tag{7.4}$$

对于二值图像，X 为待处理图像，S 为结构元素。闭运算与开运算相反，它具有填充图像物体内部细小孔洞、连接邻近的物体、在不明显改变物体的面积和形状的情况下平滑其边界的作用。因此闭运算在去除图像前景噪声方面有很好的应用，而开运算在粘连目标的分离及背景噪声的去除方面有较好的效果。

图 7.9 是一个闭运算过程示意图。图 7.9（a）是待处理图像 X，与图 7.7 相同，图 7.9（b）是结构元素 S，图 7.9（c）是用结构元素 S 对待处理图像 X 进行膨胀运算的结果，即 $X \oplus S$，这是闭运算的第一步。图 7.9（d）是用结构元素 S 对待处理图像进行闭运算处理的结果，即对图 7.9（c）进行了腐蚀操作。显而易见，闭运算与开运算虽然都是腐蚀与膨胀的组合运算，只是调换了两个基本运算的顺序，但是处理的结果相差较大，体现出开运算与闭运算是两种迥然不同的运算。

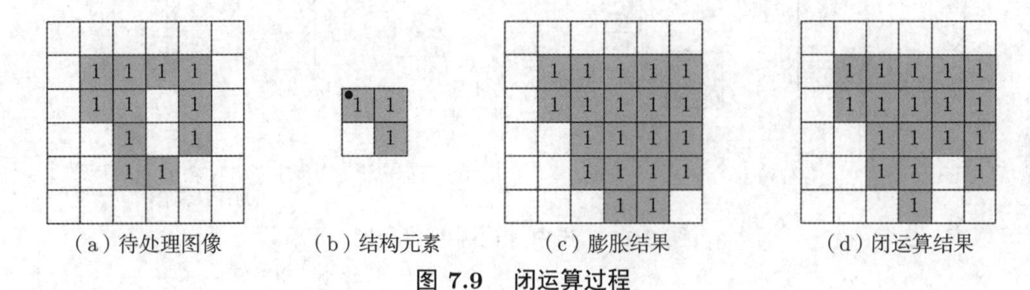

（a）待处理图像　（b）结构元素　（c）膨胀结果　（d）闭运算结果

图 7.9 闭运算过程

与开运算类似，MATLAB 中采用 imclose 函数实现闭运算操作，结果如图 7.10 所示。

```
clear;
close all;
clc;

I = imread('s2.jpg');
Ibw = imbinarize(I);
SE = strel('disk', 3);                % 结构元素
Icl = imclose(Ibw, SE);                   % 闭运算操作

figure, imshow(I);
figure, imshow(Ibw);
figure, imshow(Icl);
```

（a）原始图像 （b）半径 3 结构元素膨胀 （c）半径 3 结构元素闭运算 （d）半径 7 结构元素闭运算

图 7.10 闭运算结果示例

7.1.3 击中–击不中变换

形态学中的击中–击不中变换是上述基本运算的一种综合运用，常用于图像中某种特定形状的精确定位，是一种形状检测的基本工具。图 7.11 为说明击中–击不中变换的一个示例。其中图 7.11（a）为由三种形状（子集）组成的集合 X，三个形状为 A、B、C，且形状原点均位于重心处。图 7.11（b）为目标形状，即形状 C，最终目的为找到该形状在 X 中的位置。此外，S 为包围形状 C 的一个子集，如图 7.11（c）所示，$S-C$ 为 C 在 S 中的背景集合。

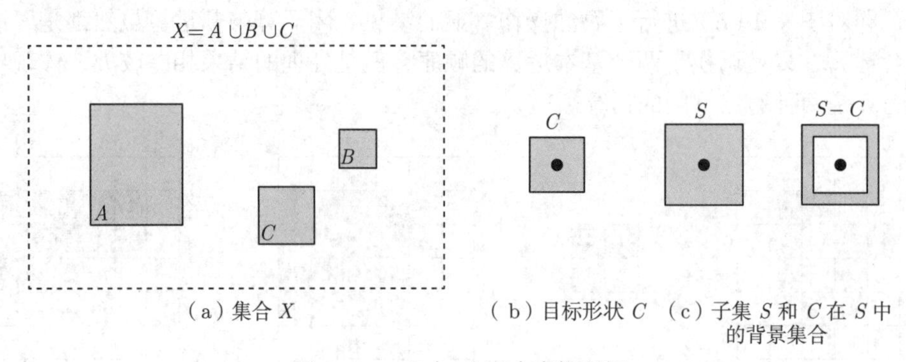

（a）集合 X （b）目标形状 C （c）子集 S 和 C 在 S 中的背景集合

图 7.11 击中–击不中变换示例

在此基础上，对形状 C 定位的具体步骤如图 7.12 所示。首先采用 C 对 X 做腐蚀，结果如图 7.12（c）所示，结合腐蚀的原理，该结果可理解为形状 C 的原点的所有可能位置的集合。因此在每个这样的位置，C 找到在 X 中的一个匹配，即击中。然后采用背景集合 $S-C$ 对 X 的补集做腐蚀，结果如图 7.12（f）所示。由图 7.12（c）与图 7.12（f）可以注意到，X 中能够精确拟合形状 C 的位置可以由 C 对 X 的腐蚀与 $S-C$ 对 X^c 的腐蚀的交集得到，而这个交集正是形状 C 的位置。

综合考虑形状 C 及其背景 $S-C$，即 S 集合，则 S 在 X 中的匹配表示为 $X\Theta S$，其结果为

$$X\Theta S=(X\ominus C)\cap(X^c\ominus(S-C)) \tag{7.5}$$

可以通过令 $S=(S_1,S_2)$ 对这种表示法稍作推广，其中，S_1 代表 S 中目标物体（要检测的形状）对应的集合；S_2 为 S 中背景部分对应的集合。在图 7.12 所示过程中，$S_1=C$，$S_2=S-C$。因此可得

$$X\Theta S=(X\ominus S_1)\cap(X\ominus S_2) \tag{7.6}$$

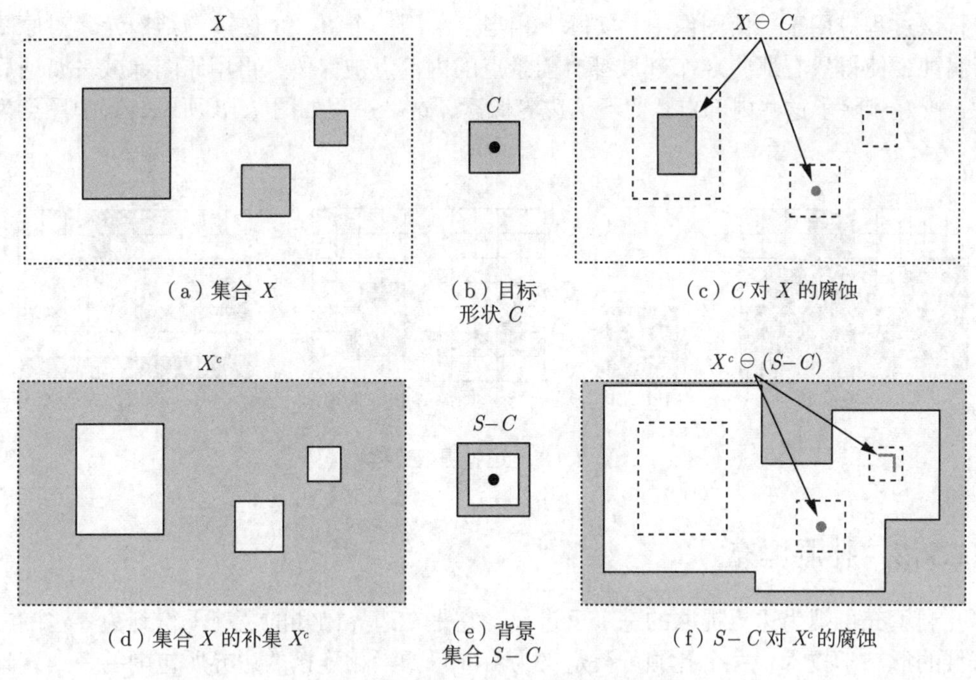

（a）集合 X　（b）目标形状 C　（c）C 对 X 的腐蚀

（d）集合 X 的补集 X^c　（e）背景集合 $S-C$　（f）$S-C$ 对 X^c 的腐蚀

图 7.12　在 X 中检测形状 C 过程

击中–击不中变换是形态学中用来检测形状的一个基本工具，检测不止限于形状，还有大小。MATLAB 中采用 bwhitmiss 函数实现该变换操作。

7.2　一些基本形态学算法

本节将介绍一些经典的形态学应用，它们都是通过将 7.1 节中的基本运算按照特定次序组合起来，并且采用一些特殊的结构元素实现的。在处理二值图像时，形态学的主要应用之一是提取用于表示和描述形状的图像成分，如边界提取、连通区域提取等形态学算法。此外，还有几种经常与这些算法相配合使用的预处理或后处理方法，如对于区域的填充、细化、粗化等。

7.2.1　边界提取

要在二值图像中做边界提取，容易想到的一个方法是将所有物体内部的点删除（置为背景色）。具体地说，可以逐行扫描原图像，如果发现一个前景点的 8 个邻域都是前景点，则该点为内部点，在目标图像中将它删除。

根据 7.1.1 小节内容，可以通过腐蚀获得集合的内部元素。因此，令集合 A 的边界表示为 $\beta(A)$，那么该边界可以通过先用结构元素 S 对 A 腐蚀，而后执行 A 和腐蚀的结果之间的集合之差得到，即

$$\beta(A)=A-(A\ominus S) \tag{7.7}$$

其中，S 是一个适当的结构元素。

将该过程应用于二值图像中，实际上相当于采用一个 3×3 像素的结构元素对原图像进行腐蚀，使得只有那些 8 个邻域都有前景点的内部点被保留，再用原图像减去腐蚀后的图像，恰好删除了这些内部点，留下了边界像素，这一过程如图 7.13 所示，其中黑点为前景点。

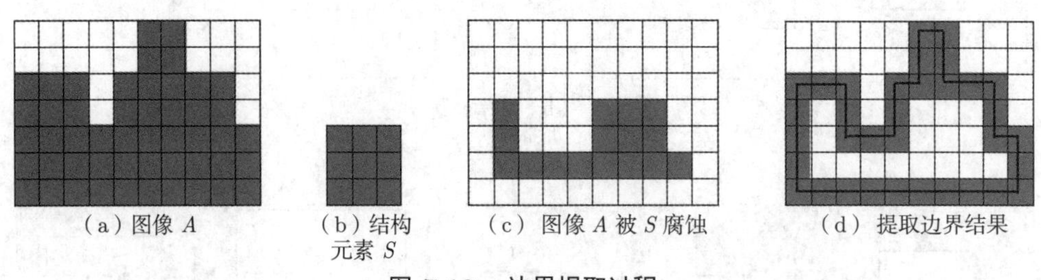

（a）图像 A　（b）结构元素 S　（c）图像 A 被 S 腐蚀　（d）提取边界结果

图 7.13　边界提取过程

7.2.2 孔洞填充

孔洞填充可视为边界提取的一个反过程，它是在边界已知的情况下得到边界包围的整个区域的形态学技术。一个孔洞可被定义为由前景像素相连接的边界所包围的一个背景区域。孔洞填充是对被圈起来区域内部进行同色填充，用结构元素 S 对 A 内部进行膨胀填充，然后与 A 的补集做交集运算。孔洞填充的公式为

$$X_k=(X_{k-1}\oplus S)\cap A^c,\quad k=1,2,3,\cdots \tag{7.8}$$

其中，X_0 是一个由 0 组成的与包含 A 的区域大小相同的区域，S 是一个对称的结构元。如果 $X_k=X_{k-1}$，则算法在迭代的第 k 步结束。集合 X_k 包含所有被填充的孔洞，X_k 和 A 的并集包含所有填充的孔洞及这些孔洞的边界。

以车牌字符为例，采用 3×3 像素的结构元素对其进行腐蚀操作并提取边缘，结果如图 7.14（b）所示。采用 imfill 函数实现孔洞填充结果如图 7.14（c）所示。其中，由于字符 6 内部包含一个封闭边界，因此在执行孔洞填充时同样会被填充。

```
clear;
close all;
clc;

I = imread('s2.jpg');
Ibw = imbinarize(I);
SE = strel('square', 3);                % 结构元素
Ier = imerode(Ibw, SE);                 % 腐蚀操作
Iedge = Ibw - Ier;                      % 边界提取

Ifh = imfill(Ibw, 'holes');             % 孔洞填充

figure, imshow(Ibw);
```

```
    figure, imshow(Iedge);
    figure, imshow(Ifh);
```

（a）原始图像　　（b）边界提取结果　　（c）孔洞填充结果

图 7.14　边界提取与孔洞填充结果示例

7.2.3　连通区域提取

从二值图像中提取连通区域是许多自动图像分析应用中的核心任务。提取连通区域的过程实际上也是标注连通区域的过程，通常的做法是给原图像中的每个连通区域分配一个唯一代表该区域的编号，在输出图像中该连通区域内的所有像素的像素值就赋值为该区域的编号，这样的输出图像被称为标注图像。连通区域提取的公式为

$$X_k = (X_{k-1} \oplus S) \cap A, \quad k = 1, 2, 3, \cdots \tag{7.9}$$

其中，A 是包含一个或多个连通区域的集合，X_0 为 A 中某个连通区域内的一个元素，S 是一个适当的结构元素。如果 $X_k = X_{k-1}$ 这一次迭代结束，X_k 则为一个连通区域。该公式表示用结构元素 S 对 A 内部分区域进行膨胀，然后与 A 做交集运算。

具体地，以 8 连通的情况为例，对于图 7.15（a）所示包含多个连通区域的图像，从仅为连通区域 $A1$ 内部某个点的像素 X_0 开始，不断采用如图 7.15（b）所示的结构元素 S 进行膨胀。由于其他连通区域与 $A1$ 之间至少有一条 1 像素宽的空白缝隙（图 7.15（a）中的虚线），3×3 像素的结构元素保证了只要 S 在区域 $A1$ 的内部，则每次膨胀都不会产生位于图像中其他连通区域之内的点。这样只需用每次膨胀后的结果图像和原始图像相交，就能把膨胀限制在 $A1$ 内部。随着不断做膨胀运算，连通区域不断生长，直到最终 X_k 充满整个连通区域 $A1$，迭代停止并为该区域分配编号，完成对连通区域 $A1$ 的提取。

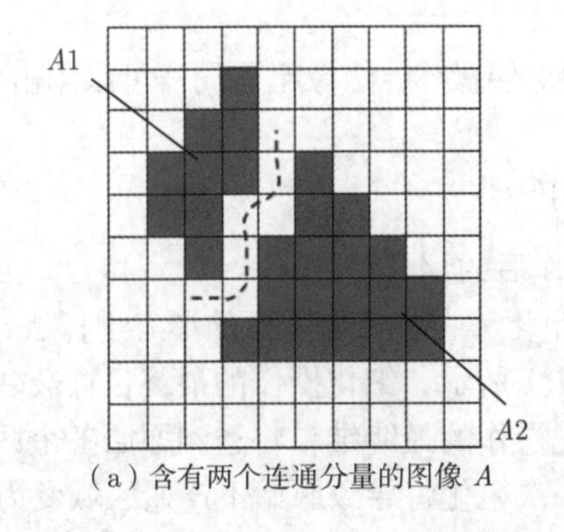

（a）含有两个连通分量的图像 A

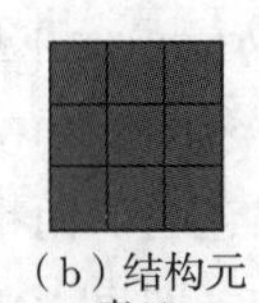

（b）结构元素 S

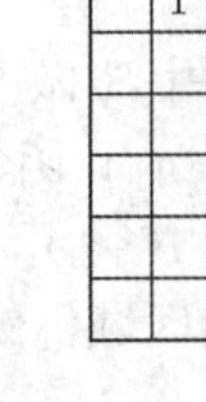

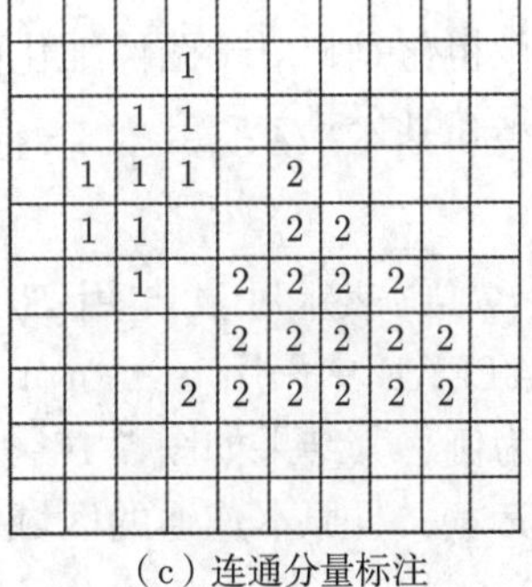

（c）连通分量标注

图 7.15　提取连通区域过程

提取连通区域的算法与孔洞填充的算法十分相似，只需改变膨胀结构元素（8 连通使用 3×3 像素的正方形结构元素，4 连通使用 3×3 像素十字形结构元素）并且把每次膨胀后同 A^c 的交改为同 A 的交即可。MATLAB 中采用 bwlabel 函数实现连通区域的提取过程。

利用标注图像可以方便地进行很多基于连通区域的操作。例如，要计算某一连通区域的大小，只需扫描一遍标注图像，对像素值为该区编号的像素进行计数。又如，要计算某一连通区域的质心，只需扫描一遍标注图像，找出所有像素值为该区编号的像素的坐标，然后计算其平均值进行取整即可。

7.2.4 细化与粗化

1. 细化

图像处理中物体的形状信息是十分重要的，为了便于描述和抽取图像特定区域的特征，对那些表示物体的区域通常需要采用细化算法处理，得到与原来物体区域形状近似的由简单的弧或曲线组成的图形，这些细线处于物体的中轴附近，这就是所谓的图像的细化。通俗地说图像细化就是从原来的图像中去掉一些点，但仍要保持目标区域的原来形状，通过细化操作可以将一个物体细化为一条单像素宽的线，从而图形化的显示出其拓扑性质。实际上，图像细化就是保持原图的骨架。所谓骨架，可以理解为图像的中轴，例如：一个长方形的骨架是它的长方向上的中轴线；正方形的骨架是它的中心点；圆的骨架是它的圆心；直线的骨架是它自身；孤立点的骨架也是自身。对于任意形状的区域，细化实质上是腐蚀操作的变体，细化过程中要根据每个像素点的 8 个相邻点的情况来判断该点是否可以剔除或保留。

细化是一个迭代的过程，直到将目标变成只有一像素宽为止，用符号表示为 $A \otimes B$，其定义为

$$A \otimes B = A - (A \Theta B) = A \cap (A \Theta B)^c \tag{7.10}$$

式 (7.10) 表示用结构元素 B 对 A 做细化操作，即用 A 减去 B 做过击中–击不中的操作 A，或者对 A 与用 B 做击中–击不中操作 A 的补集做交操作。

2. 粗化

图像粗化是相对于图像细化而言的，是细化的对偶操作，图像粗化同样可以用击中–击不中表示，其公式为

$$A \odot B = A \cup (A \Theta B) \tag{7.11}$$

式 (7.11) 表示对 A 与用 B 做击中–击不中操作后的 A 做并操作。

MATLAB 中采用 bwmorph 函数实现细化与粗化等一些二值图像的形态学算法，以车牌局部为例，其结果如图 7.16 所示。如图 7.16（c）所示，细化操作的最终目标会变成只有一像素宽，且原本连通的区域仍然连通。而粗化操作的最终结果将达到原始各个区域刚好不连通的状态，如图 7.16（e）所示，即再进行一次粗化将导致原始不连通区域变为 8 连通状态。

```
clear;
close all;
clc;

I = imread('s3.jpg');
I = imbinarize(I);

Ithin = bwmorph(I, 'thin', 1);                % 细化，迭代一次
% Ithin = bwmorph(I, 'thin', Inf);            % 细化，迭代至只有一个像素宽

Ithicken = bwmorph(I, 'thicken', 5);          % 粗化，迭代五次
% Ithicken = bwmorph(I, 'thicken', Inf);% 粗化，迭代至各区域刚好不连通

figure, imshow(I);
figure, imshow(Ithin);
figure, imshow(Ithicken);
```

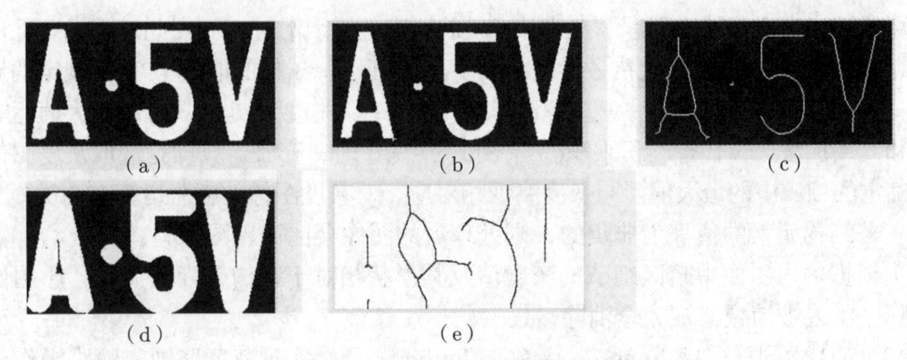

图 7.16　细化与粗化结果示例

7.3　灰度图像形态数学处理

本节将把二值图像的形态学处理扩展到灰度图像的形态学处理，包括灰度膨胀、灰度腐蚀、灰度开运算和灰度闭运算。

7.3.1　灰度腐蚀与膨胀

1. 灰度腐蚀

令 F 表示待处理的灰度图像，S 为结构元素，使用 S 对 F 进行膨胀，记作 $F \ominus S$，形式化定义为

$$(F \ominus S)(x, y) = \min_{(x', y') \in D_s} \{F(x + x', y + y') - S(x', y')\} \tag{7.12}$$

其中，D_s 是 S 的定义域。

计算过程相当于让结构元素 S 在图像 F 的所有位置上滑过，而在此过程中要保证结构元素原点始终在灰度图像 F 之内。腐蚀结果 $F \ominus S$ 在 (x, y) 的取值为在 S 规定的局部邻域内 F 与 S 之差的最小值。与二值形态学不同的是，$F(x, y)$ 和 $S(x, y)$ 不再只是代表形状的集合，而是二维函数。二维函数的定义域指明了形状，二维函数的值指出了高度信息，即像素灰度值。当 $S(x, y) = 0$ 时，腐蚀运算即是选取灰度图像在结构元素确定的领域中的最小值。因此，对灰度图像的腐蚀操作有两类效果：

（1）若结构元素的值都为非负的，则处理后的图像会比输入图像暗；

（2）若输入图像中亮细节的尺寸比结构元素小，则影响将被减弱，减弱的程度取决于这些亮细节周围的灰度值和结构元素的形状与幅值。

2. 灰度膨胀

令 F 表示待处理的灰度图像，S 为结构元素，使用 S 对 F 进行膨胀，记作 $F \oplus S$，形式化定义为

$$(F \oplus S)(x, y) = \max_{(x', y') \in D_s} \{F(x - x', y - y') + S(x', y')\} \tag{7.13}$$

其中，D_s 是 S 的定义域。

计算过程相当于让结构元素 S 在图像 F 的所有位置上滑过，而在此过程中要保证结构元素原点始终在灰度图像 F 之内。膨胀结果 $F \oplus S$ 在 (x, y) 处的取值为在 S 规定的局部邻域内 F 与 S 之和的最大值。注意这一过程与卷积有许多相似之处，只是用最大值运算代替卷积求和，用加法运算代替卷积乘积。当 $S(x, y) = 0$ 时，膨胀运算即是选取灰度图像在结构元素确定的领域中的最大值。与灰度腐蚀相对应，对灰度图像的膨胀运算有两类效果：

（1）若结构元素的值都为非负的，则处理后的图像会比输入图像亮；

（2）根据输入图像中暗区细节的灰度值及其形状相对于结构元素的关系，原图像中的暗区在膨胀中或被消减或被完全消除。

MATLAB 中同样采用 imerode 函数与 imdilate 函数实现灰度腐蚀与膨胀操作，采用 strel 函数构建不同形状与大小的结构元素。以车牌图像为例，对其进行腐蚀与膨胀的结果如图 7.17 所示，其中结构元素为 3×3 像素与 7×7 像素的正方形平坦结构，即 $S(x, y) = 0$ 的正方形。

7.3.2 灰度开运算与闭运算

与二值形态学类似，可以在灰度腐蚀和膨胀的基础上定义灰度开和闭运算。

使用结构元素 S 对图像 F 灰度进行开运算，记作 $F \circ S$，可表示为

$$F \circ S = (F \ominus S) \oplus S \tag{7.14}$$

使用结构元素 S 对图像 F 进行灰度闭运算，记作 $F \bullet S$，可表示为

$$F \bullet S = (F \oplus S) \ominus S \tag{7.15}$$

与二值图像开运算和闭运算一样，灰度图像开运算是先腐蚀后膨胀，闭运算则相反，先膨胀后腐蚀。这里同样需要注意的是，S 可以采用与二值图像形态学处理一样的结构元素也可以采用不限于 0、1 的灰度级结构元素，其处理的方式与 7.2 节相同。

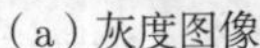
（a）灰度图像

（b）3×3 像素结构元素腐蚀

（c）7×7 像素结构元素腐蚀

（d）3×3 像素结构元素膨胀

（e）7×7 像素结构元素膨胀

图 7.17　灰度腐蚀与膨胀结果示例

总的来说，灰度级开运算通常用于去除比结构元素 S 小的亮细节，而比结构元素大的亮区域不变，对原图暗区域影响不大。灰度级闭运算则相反，通常用于去除比结构元素小的暗细节，而比结构元素 S 大的暗区域不变，对原图亮区域影响不大。在 MATLAB 中使用 imopen 和 imclose 同样可以对灰度图像进行开、闭运算，用法与灰度腐蚀和膨胀类似。

在实际应用中，虽然首先进行的灰度腐蚀会在去除图像细节的同时使得整体灰度下降，但随后的灰度膨胀又会增强图像的整体亮度，因此图像的整体灰度基本保持不变；而闭操作常用于去除图像中的暗细节部分，相对地保留灰度值较高部分。

以车牌图像为例，对其进行开运算与闭运算的结果如图 7.18 所示。

（a）5×5 像素结构元素腐蚀

（b）5×5 像素结构元素开运算

（c）11×11像素结构元素开运算

图 7.18　灰度开运算与闭运算结果示例

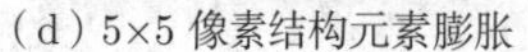

（d）5×5 像素结构元素膨胀　（e）5×5 像素结构元素闭运算　（f）11×11 像素结构元素闭运算

图 7.18　（续）

7.3.3　灰度形态学算法

1. 灰度图像形态学平滑

平滑去噪是灰度级形态学的一个典型应用。处理方法也非常简单直接，将含噪声的原图 F 依次做开运算与闭运算操作，用于消除过亮和过暗的噪声。用公式表示如下：

$$
\begin{aligned}
G_1 &= (F \circ S) \bullet S \\
G_2 &= (F \bullet S) \circ S
\end{aligned}
\tag{7.16}
$$

其中，G_1、G_2 表示经过平滑去噪处理后的图片；S 是结构元素。图 7.19 显示了采用灰度图像形态学平滑以 3×3 像素平坦结构元素去除高斯噪声与盐粒噪声的结果，可以与 6.3.1 小节介绍的空间滤波去噪结果进行对比。

（a）高斯噪声污染图像　（b）去除高斯噪声结果（先开运算再闭运算）　（c）盐粒噪声污染图像　（d）去除盐粒噪声结果（先闭运算再开运算）

图 7.19　灰度图像形态学去噪示例

2. 灰度图像形态学梯度

灰度图像的形态学梯度的计算公式如下：

$$
G = (F \oplus S) - (F \ominus S) \tag{7.17}
$$

其中，G 表示形态学梯度图片；F 是原图；S 是结构元素。$F \oplus S$ 将原图变亮，其结果是局部最大值，而 $F \ominus S$ 将原图变暗，其结果是局部最小值。两者之差是一个数，等价于在该像素位置的梯度值，但是形态学梯度无法确定梯度的方向。

3. 灰度图像形态学顶帽变换

灰度图像形态学顶帽（Top-Hat）变换定义如下：

$$G = F - (F \circ S) \tag{7.18}$$

其中，G 表示处理后的结果图像；F 是原图；S 是结构元素。开运算 $F \circ S$ 的效果是从一幅图像中删除感兴趣目标（通常为较亮目标），仅留下背景信息。但是要达到这种效果，结构元素应大过图像中的感兴趣目标，否则，开运算操作就不能去掉图像中的感兴趣目标。顶帽变换的典型应用是去除背景区域的光照影响。

图 7.20 显示了以车牌字符作为感兴趣目标对图像做顶帽变换的结果。当结构元素为 3×3 像素大小时，顶帽变换过程如图 7.20（b）（c）所示，可见由于结构元素尺寸过小导致字符受到变换影响；而结构元素为 7×7 像素大小的顶帽变换具有更好的去除复杂背景区域的效果，如图 7.20（d）（e）所示。

（a）灰度图像

（b）3×3 像素结构元素开运算

（c）3×3 像素结构元素顶帽变换

（d）7×7 像素结构元素开运算

（e）7×7 像素结构元素顶帽变换

图 7.20　灰度形态学顶帽变换示例

参考文献

[1] Gonzalez R C, Woods R E. 数字图像处理 [M]. 4 版. 北京: 电子工业出版社, 2020.
[2] 张铮, 徐超, 任淑霞, 等. 数字图像处理与机器视觉 [M]. 2 版. 北京: 人民邮电出版社, 2014.
[3] 李新胜. 数字图像处理与分析 [M]. 2 版. 北京: 清华大学出版社, 2018.
[4] 陈天华. 数字图像处理及应用 [M]. 北京: 清华大学出版社, 2019.
[5] 宋丽红, 王红一, 李全义, 等. 数字图像处理基础及工程应用 [M]. 北京: 机械工业出版社, 2018.
[6] 李爽, 李杰. MATLAB 数字图像处理简明教程 [M]. 北京: 化学工业出版社, 2018.
[7] 景晓军, 周贤伟, 付娅丽. 图像处理技术及其应用 [M]. 北京: 国防工业出版社, 2005.
[8] 姚敏, 等. 数字图像处理 [M]. 3 版. 北京: 机械工业出版社, 2017.
[9] 贾永红. 数字图像处理 [M]. 4 版. 武汉: 武汉大学出版社, 2023.

第三部分　数字图像分析

第8章

图像分割

CHAPTER 8

在对图像的研究应用中，人们通常仅对图像中的个别部分感兴趣，这部分一般称为目标或前景（其他部分称为背景），它们一般对应图像中特定的具有独特性质的区域。这里的独特性可以是像素的灰度值，或者物体轮廓曲线、颜色、纹理等。为了识别和分析图像中的目标，需要将他们从图像中分离、提取出来，这就需要用到图像分割技术。

按照通用的图像分割定义，分割出的区域需要同时满足均匀性和连通性的条件。其中，均匀性是指该区域中的所有像素点都满足与灰度、色彩、空间纹理等特征的某种相似性原则；连通性是指在该区域内存在连接任意两点的路径。图像分割可借助集合概念来进行定义，令 R 表示一幅图像占据的整个空间区域，把 R 分为 n 个子区域 $R_1, R_2, \cdots, R_n$，这些非空子集满足以下条件：

（1）$\bigcup_{i=1}^{n} R_i = R$，表示分割把图像中的每像素都分进某个子区域中；

（2）R_i，$i = 1, 2, \cdots, n$ 是一个连通子集；

（3）$R_i \bigcap R_j = \varnothing$，对于所有的 i 和 j，$i \neq j$，表示各个子区域是互相不重叠的，或者说一像素不能同时属于两个区域；

（4）$Q(R_i) = \text{TRUE}$，$i = 1, 2, \cdots, n$，表示分割后得到的属于不同区域中的像素应该具有某些相同的特性；

（5）$Q(R_i \bigcup R_j) = \text{FALSE}$，对于所有的 i 和 j，$i \neq j$，表示分割后得到的属于不同区域的像素应该具有某些不同的特性。

图像分割作为一个具有挑战性的图像处理技术，已经有几十年的历史。人们从图像本身的特征出发，利用各种数学理论和工具，使用不同的模型，对灰度以及彩色图像进行分割处理，形成了错综复杂的图像分割算法。图像分割算法基于像素亮度（灰度）值的两个基本特性：非连续性和相似性。对于非连续性，相关方法是以灰度突变作为基础分割一幅图像，比如图像中物体边缘存在的灰度突变；对于相似性，相关方法是根据一组预定义的准则将一幅图像分割为相似的区域，比如阈值分割、区域生长、区域分裂与合并都是这类方法的例子。

8.1 边缘分割

图像的边缘是图像最基本的特征，它广泛存在于物体与背景之间、基元与基元之间，是图像分割依赖的重要指标。边缘分割主要以图像中的灰度突变为基础分割一幅图像，其主要基于图像中不同物体灰度值不连续这一基本性质，实现图像中物体边缘的检测，而闭合边缘包围的区域即为分割区域。但在实际中受噪声、光照等影响，很难形成闭合且连通的边界，因此需要在边缘检测后增加边缘连接步骤，对边缘做连接与修复以生成闭合边缘，进而实现图像分割目的。

8.1.1 边缘检测

边缘检测是基于灰度变化分割图像的最常用的方法。所谓边缘（或边沿）是指其周围像素灰度有阶跃变化的那些像素的集合，可以根据其局部区域的灰度剖面进行建模分类，大致可分为三类：台阶模型、斜坡模型和屋顶模型，如图 8.1 所示。

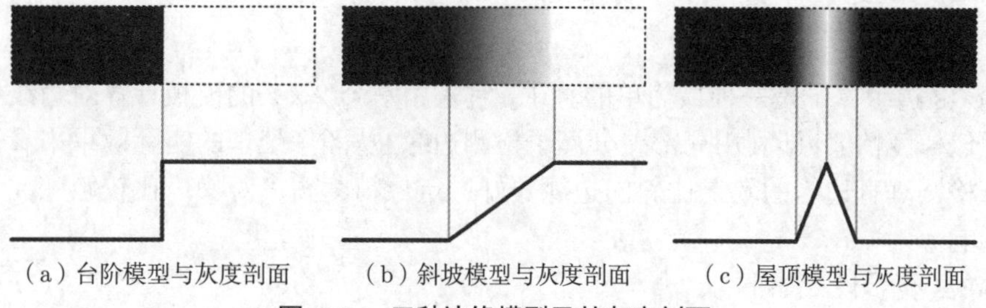
(a) 台阶模型与灰度剖面　(b) 斜坡模型与灰度剖面　(c) 屋顶模型与灰度剖面

图 8.1　三种边缘模型及其灰度剖面

其中台阶模型是指在一个像素的距离上发生两个灰度级间理想过渡。但是在实际中，数字图像都存在被模糊且带有噪声的边缘，模糊的程度主要取决于聚焦机理（如光学成像中的镜头）中的限制，而噪声水平主要取决于成像系统的电子元件。此时的边缘模型就趋近于斜坡模型，这种情况下不再存在一条细的界线。斜坡中包含的任何一点被称为边缘点，而一组连接起来的边缘点便是一条线段。对于屋顶模型，极限条件可以理解为一条穿过图像的 1 像素宽的线，也可以理解为两个斜坡模型的组合。包含这三种类型的边缘图像并不罕见，虽然模糊和噪声会导致实际边缘与理想形状的偏差，但是图像中具有适当锐度和适中噪声的边缘确实存在类似于上述三种模型的特性。

图 8.2 显示了斜坡模型的水平灰度剖面及其一阶、二阶导数。可以观察到，一阶导数的幅度可以用来检测图像中的某个像素点是否存在一个边缘。同样，二阶导数的符号可以确定一个边缘像素位于该边缘的暗的一侧还是亮的一侧。此外，边缘的二阶导数还具有两个附加性质：一是对图像中的每条边缘，二阶导数生成的两个值；二是二阶导数的零交叉点可用于定位粗边缘中心。

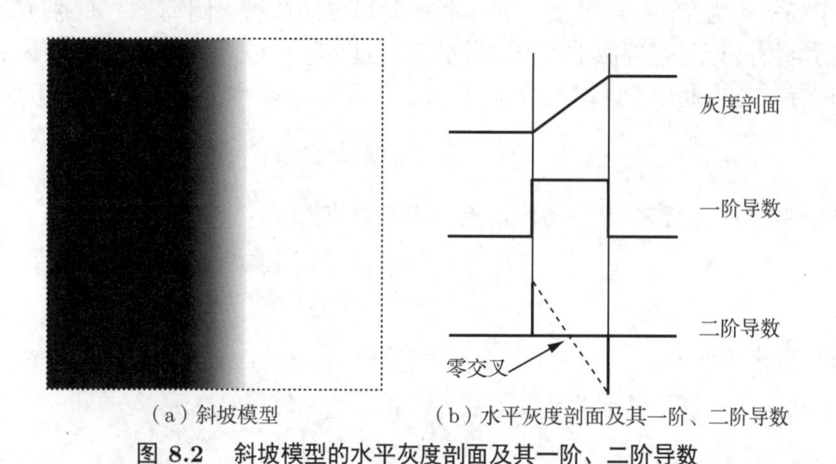

(a) 斜坡模型　(b) 水平灰度剖面及其一阶、二阶导数

图 8.2　斜坡模型的水平灰度剖面及其一阶、二阶导数

根据第 5 章的介绍可知，可以采用空间滤波方法计算图像中每个像素位置的一阶导数和二阶导数，其中用于边缘检测的空间滤波器模板被称为边缘检测算子。通过边缘检测算子对图像的滤波实现邻域中灰度有明显变化的点的突出显示，一般通过计算梯度幅值并设定适当阈值进行判定，进而实现最终的图像边缘检测。下面介绍一些常用的边缘检测算子。

1. Roberts 边缘算子

Roberts 边缘算子是一种最简单的算子，它采用一个 2×2 的模板计算对角线相邻两像素之差近似梯度幅值，即利用局部差分算子检测边缘。从图像处理的实际效果来看，Roberts 边缘算子检测垂直边缘的效果比斜向边缘要好，定位精度高，对噪声比较敏感，无法抑制噪声的影响。

Roberts 算子模板如下：

$$\boldsymbol{G}_x=\begin{bmatrix}1 & 0\\ 0 & -1\end{bmatrix}\qquad \boldsymbol{G}_y=\begin{bmatrix}0 & -1\\ 1 & 0\end{bmatrix}\tag{8.1}$$

对于图像中某像素点 $f(x,y)$，使用 Roberts 算子后该点的梯度幅值 $g(x,y)$ 为

$$g(x,y)=\sqrt{(f(x,y)-f(x+1,y+1))^2+(f(x+1,y)-f(x,y+1))^2}\tag{8.2}$$

2. Prewitt 边缘算子

相比 2×2 的模板，关于中心对称的 3×3 大小的模板能够携带有关边缘方向的更多信息，同时也满足滤波操作推荐的最小模板尺寸。因此构建如下两个方向模板，一个检测水平边缘，一个检测垂直边缘。

$$\boldsymbol{G}_x=\begin{bmatrix}-1 & -1 & -1\\ 0 & 0 & 0\\ 1 & 1 & 1\end{bmatrix}\qquad \boldsymbol{G}_y=\begin{bmatrix}-1 & 0 & 1\\ -1 & 0 & 1\\ -1 & 0 & 1\end{bmatrix}\tag{8.3}$$

这两个模板称为 Prewitt 算子，是一种一阶微分的边缘检测算子，即通过 $\boldsymbol{G}_x$ 滤波后计算第三行与第一行之差近似水平方向导数，通过 $\boldsymbol{G}_y$ 滤波后计算第三列与第一列之差近似垂直方向导数。因此用 Prewitt 算子计算图像 $f(x,y)$ 在每个像素位置的梯度分量为

$$g_x=\boldsymbol{G}_x*f(x,y)\qquad g_y=\boldsymbol{G}_y*f(x,y)\tag{8.4}$$

在此基础上可以计算图像中各像素点的梯度幅值为

$$g(x,y)=\sqrt{g_x^2+g_y^2}\tag{8.5}$$

3. Sobel 边缘算子

对 Prewitt 边缘算子稍加改变即可获得 Sobel 边缘算子：

$$\boldsymbol{G}_x=\begin{bmatrix}-1 & -2 & -1\\ 0 & 0 & 0\\ 1 & 2 & 1\end{bmatrix}\qquad \boldsymbol{G}_y=\begin{bmatrix}-1 & 0 & 1\\ -2 & 0 & 2\\ -1 & 0 & 1\end{bmatrix}\tag{8.6}$$

Sobel 算子认为邻域的像素对当前像素产生的影响不是等价的，所以距离不同的像素具有不同的权值，对算子结果产生的影响也不同。一般来说，距离越大，产生的影响越小。同时，相比 Prewitt 算子，Sobel 算子对图像噪声有较好的抑制效果，因此更为常用。

与 Prewitt 算子一样，图像中各像素点的梯度幅值可由水平方向与垂直方向的梯度分量计算得

$$g(x,y)=\sqrt{g_x^2+g_y^2} \tag{8.7}$$

为了提高计算效率，通常使用不开平方的近似值

$$g(x,y)=|g_x|+|g_y| \tag{8.8}$$

4. 拉普拉斯边缘算子

由模板可以看出，Prewitt 和 Sobel 算子仅对垂直边缘和水平边缘是各向同性，因此其对垂直边缘与水平边缘具有较强响应。与之相比，拉普拉斯算子是各向同性的，具有旋转不变性。同时，拉普拉斯算子是二阶微分算子，其根据算子对图像滤波在边缘处产生的零交叉点来判断边缘像素。对于图像 $f(x,y)$，拉普拉斯算子对图像的滤波结果 $g(x,y)$ 为

$$g(x,y)=\boldsymbol{\nabla}^2 f(x,y)=f(x+1,y)+f(x-1,y)+f(x,y+1)+f(x,y-1)-4f(x,y) \tag{8.9}$$

在实际应用中，图像中的噪声会严重影响所用的一阶导数与二阶导数的计算，因此使用边缘检测算子之前需要对图像做去噪处理或者平滑处理。但需要注意的是，采用滤波器平滑图像在降低噪声的同时也会导致边缘强度的损失。下面介绍两种性能更好的边缘检测器。

1. LoG 边缘检测器

由于利用图像灰度二阶导数的零交叉点来求边缘点的算法对噪声十分敏感，所以希望在边缘检测前滤除噪声。为此，马尔（Marr）和希尔得勒斯（Hildreth）根据人类视觉特性提出了一种边缘检测的方法，这是一种将高斯滤波和拉普拉斯算子结合在一起进行边缘检测的方法，故称为 LoG（Laplacian of Gaussian）算法，也称为 Marr 边缘检测算子。其计算过程如下：

$$\begin{gathered}g(x,y)=\boldsymbol{\nabla}^2[G(x,y)*f(x,y)]\\G(x,y)=\exp\left(-\frac{x^2+y^2}{2\sigma^2}\right)\end{gathered} \tag{8.10}$$

首先采用二维高斯函数 $G(x,y)$ 对图像 $f(x,y)$ 做滤波操作以降低噪声干扰，然后采用拉普拉斯算子进行边缘检测。由于在线性系统中卷积和微分的次序可以交换，于是得

$$\boldsymbol{\nabla}^2[G(x,y)*f(x,y)]=\boldsymbol{\nabla}^2 G(x,y)*f(x,y) \tag{8.11}$$

而对高斯函数进行二阶偏导可得

$$\begin{aligned}\frac{\partial^2 G(x,y)}{\partial x^2}&=\left[\frac{x^2}{\sigma^4}-\frac{1}{\sigma^2}\right]\exp\left(-\frac{x^2+y^2}{2\sigma^2}\right)\\\frac{\partial^2 G(x,y)}{\partial y^2}&=\left[\frac{y^2}{\sigma^4}-\frac{1}{\sigma^2}\right]\exp\left(-\frac{x^2+y^2}{2\sigma^2}\right)\end{aligned} \tag{8.12}$$

因此高斯–拉普拉斯算子，即 LoG 算子可表示为

$$
\begin{aligned}
\nabla^2 G(x,y) &= \frac{\partial^2 G(x,y)}{\partial x^2} + \frac{\partial^2 G(x,y)}{\partial y^2} \\
&= \left[\frac{x^2+y^2-2\sigma^2}{\sigma^4}\right] \exp\left(-\frac{x^2+y^2}{2\sigma^2}\right)
\end{aligned} \tag{8.13}
$$

图 8.3 显示了一个 LoG 算子的负函数的三维图和剖面图，由于该滤波器在 (x,y) 空间的图形与墨西哥帽形状相似，所以又称为墨西哥草帽算子。

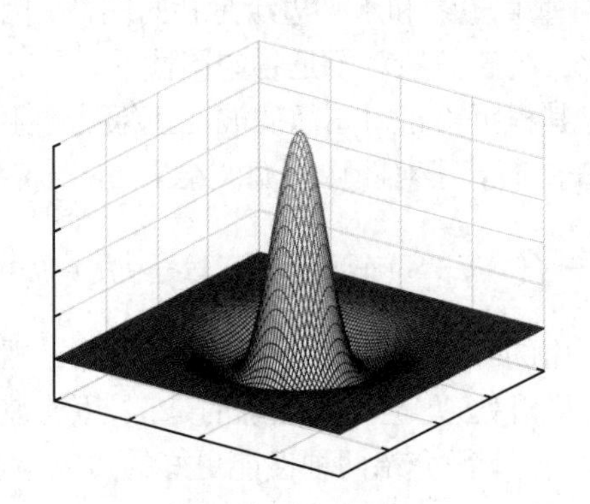

（a）LoG 算子的负函数三维图

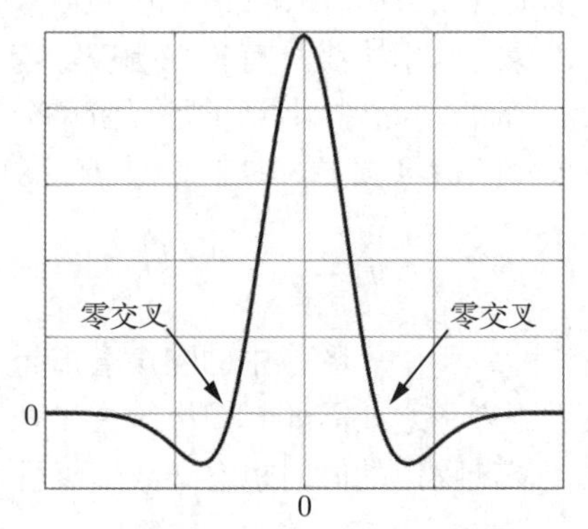

（b）LoG 算子的负函数剖面图

图 8.3　LoG 算子的负函数的三维图和剖面图

与 LoG 算子对应的模板的尺寸、峰值并不唯一，其目的是获取 LoG 算子的基本形状。例如，一个用于近似图 8.3（a）的 5×5 滤波模板 $\boldsymbol{G}_{xy}$ 如下所示，在实际使用中对该模板取负即可。

$$
\boldsymbol{G}_{xy} = \begin{bmatrix} 0 & 0 & -1 & 0 & 0 \\ 0 & -1 & -2 & -1 & 0 \\ -1 & -2 & 16 & -2 & -1 \\ 0 & -1 & -2 & -1 & 0 \\ 0 & 0 & -1 & 0 & 0 \end{bmatrix} \tag{8.14}
$$

2. Canny 边缘检测器

在图像边缘检测中，已知噪声和边缘精确定位是无法同时满足的，一些边缘检测算子在通过滤波去除噪声的同时，也增加了边缘定位的不准确性；而提高边缘检测算子对边缘敏感性的同时，也提高了对噪声的敏感性。Canny 边缘算子是一种既能滤去噪声，又能保持边缘特性的边缘检测最优滤波器。

Canny 边缘检测的基本思想类似于 LoG 边缘检测方法，首先对图像选择一定的高斯滤波器进行滤波，然后采用非极大值抑制技术进行处理得到最后的边缘图像。其步骤为如下。

（1）用高斯滤波器对图像做滤波处理。

（2）用一阶偏导的有限差分来计算梯度的幅值和方向。具体地，构建水平与垂直方向

的一阶差分模板 $\boldsymbol{G}_x$、$\boldsymbol{G}_y$ 对图像 $f(x,y)$ 滤波得 g_x、g_y：

$$\boldsymbol{G}_x=\begin{bmatrix}-1 & -1\\ 1 & 1\end{bmatrix}\qquad \boldsymbol{G}_y=\begin{bmatrix}1 & -1\\ 1 & -1\end{bmatrix} \tag{8.15}$$

$$g_x=\boldsymbol{G}_x * f(x,y)\qquad g_y=\boldsymbol{G}_y * f(x,y) \tag{8.16}$$

进而得梯度幅值 $g(x,y)$ 与梯度方向 θ：

$$\begin{aligned} g(x,y)&=\sqrt{g_x^2+g_y^2}\\ \theta(x,y)&=\arctan\frac{g_y}{g_x}\end{aligned} \tag{8.17}$$

（3）对梯度幅值进行非极大值抑制。梯度幅值用于确定边缘点，梯度方向用于确定边缘方向。为了精确确定边缘，需要保留同梯度方向下局部梯度幅值最大的点，而将其余局部位置响应置零，这个操作即为非极大值抑制。以一个 3×3 区域为例，如图 8.4（a）所示，对于一条通过该区域中心点的边缘，可将该中心点处的梯度方向分区为 0°、+45°、90°、−45° 四个方向区域，如图 8.4（b）所示。那么，中心点 p_5 在这四个方向的邻域分别为 $[p_2,p_8]$、$[p_1,p_9]$、$[p_4,p_6]$、$[p_3,p_7]$。

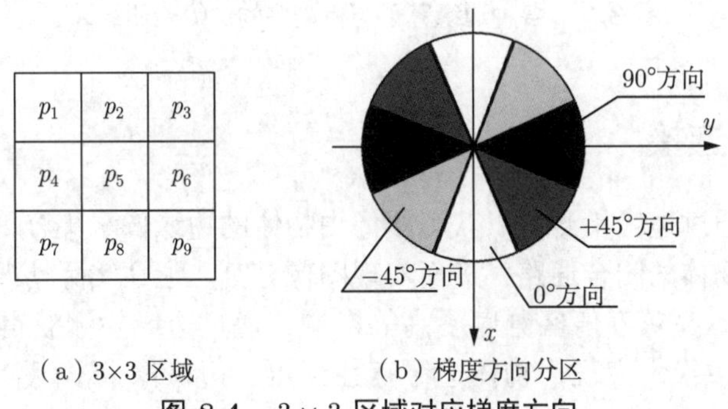

（a）3×3 区域　（b）梯度方向分区

图 8.4　3×3 区域对应梯度方向

当对梯度幅值进行非极大值抑制时，首先计算图像每个点 (x,y) 的梯度幅值 $g(x,y)$ 与梯度方向 $\theta(x,y)$，判定其所属方向。然后将梯度幅值 $g(x,y)$ 与该方向邻域比较，若 $g(x,y)$ 小于邻域两个值之一，则令非极大值抑制后图像 $g_N(x,y)=0$，即为抑制；否则令 $g_N(x,y)=g(x,y)$。以图 8.4（a）为例，点 (x,y) 在 p_5 处，若该点梯度方向为 0° 方向，则比较 g_{p5} 与 g_{p2}、g_{p8} 的大小。

（4）利用双阈值 T_1 和 T_2（$T_1<T_2$），得到两个阈值边缘图像 $g_{N1}(x,y)$ 和 $g_{N2}(x,y)$。由于 $g_{N2}(x,y)$ 使用高阈值得到，因此含有很少的假边缘，但有间断（不闭合）。双阈值法要在 $g_{N2}(x,y)$ 中把边缘连接成轮廓，当到达轮廓的端点时，该算法就在 $g_{N1}(x,y)$ 的 8 邻域位置寻找可以连接到轮廓上的边缘点。这样，算法不断在 $g_{N1}(x,y)$ 中收集边缘，直到将 $g_{N2}(x,y)$ 连接起来为止，进而输出最终的边缘图像。

在 MATLAB 中，提供了 edge 函数实现边缘检测，并且可按需选择上述边缘算子与边缘检测器。以车牌图像为例，各种算子边缘检测结果如图 8.5 所示。

（a）灰度图像　（b）Roberts 边缘检测　（c）Prewitt 边缘检测

（d）Sobel 边缘检测　（e）LoG 边缘检测　（f）Canny 边缘检测

图 8.5　各种边缘算子与检测器的边缘检测结果

8.1.2　边缘连接

理想情况下，通过边缘检测可以获得图像中物体的边缘像素集合，这些边缘像素集合应该能够形成包围物体的闭合通路，进而实现图像分割。但在实际情况中，受噪声、复杂环境光照以及物体本身灰度值区分度不高等影响，通过边缘检测获得的边缘像素无法完整描述物体的真实边缘，表现为物体边缘存在断点、边缘像素不闭合等。因此，一般在边缘检测后需要附加额外边缘连接算法，用以将边缘像素扩展连接为闭合的、有意义的边缘。

本小节介绍一种基于区域局部边缘点信息的边缘连接算法，其核心是根据预设规则判定具有相似性的边缘点，然后将相似边缘点连接以形成新的边缘。

判定边缘点相似性的两个指标分别为梯度向量幅值与梯度向量方向。具体地，对于图像中某边缘点 (x,y) 的领域 S_{xy}，如果

$$\begin{aligned}|g(s,t)-g(x,y)| &\leqslant E\\|\theta(s,t)-\theta(x,y)| &\leqslant A\end{aligned}\tag{8.18}$$

其中，E、A 分别为正梯度幅值阈值与正角度阈值，则说明在邻域 S_{xy} 中 (s,t) 处的边缘点与 (x,y) 处的边缘点满足梯度幅值相似与梯度方向相似，进而将 (s,t) 处像素与 (x,y) 处像素相连。在图像中每个位置重复这一过程，直至所有相似边缘点被连接。

由于需要判定每个位置与所在邻域中每个邻点的相似性，上述过程在实现时计算代价很高，因此在实际应用时采用该算法的一种简化版本，其步骤如下。

（1）计算整幅图像的梯度幅值 $g(x,y)$ 与梯度方向 $\theta(x,y)$。

（2）生成一幅二值指示图像 $m(x,y)$ 用以标记图像中位置 (x,y) 是否满足预设规则。具体地，$m(x,y)$ 如下：

$$m(x,y)=\begin{cases}1, & g(x,y)>T_g \text{ 且 } \theta(x,y)=A\pm T_A\\0, & \text{其他}\end{cases} \tag{8.19}$$

其中，T_g 为梯度幅值阈值；A 为指定的方向角度；$\pm T_A$ 表示在指定方向 A 基础上的可接受角度范围。

（3）逐行检查 $m(x,y)$，如果两个取 1 值的像素点间的缝隙（取 0 值的集合）不超过预设长度 K，则对其进行填充，即将 0 值置 1。

（4）对于其他方向上的缝隙，则需要旋转 $m(x,y)$，并重复上一步骤逐行扫描，然后再将 $m(x,y)$ 反向旋转。

在实际应用中，最常见的情况为水平边缘连接与垂直边缘连接，因此步骤 4 就变为一个简单的过程，即将 $m(x,y)$ 旋转 90° 逐行检查后再旋转回原位。以图 8.5（d）中的 Sobel 边缘检测结果为例，对其进行边缘连接处理，以使得车牌边缘完整，结果如图 8.6（a）所示。其中，图 8.6（b）为直接对边缘检测结果做孔洞填充，可见由于车牌边缘不连续导致车牌无法作为整体区域被标记。图 8.6（d）所示为边缘连接处理后孔洞填充结果，由于车牌边缘连续，因此在孔洞填充后整个车牌区域被完整标记。

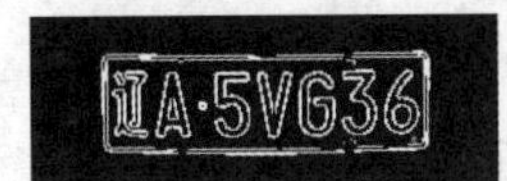
（a）Sobel 边缘检测结果

（b）孔洞填充结果

（c）边缘连接结果

（d）边缘连接后孔洞填充

图 8.6　边缘连接

8.2　阈值分割

图像阈值化分割是一种最常用，同时也是最简单的图像分割方法，具有直观、实现简单、计算速度快等特点。其基本原理是通过设定不同的特征阈值，将图像像素点分为不同区域。其中最常用的特征就是原始图像的像素灰度值特征，本节将讨论基于灰度值及其特性将图像直接划分为区域的图像分割技术。

设原始图像为 $f(x,y)$，按照一定的准则在 $f(x,y)$ 中找到阈值 T，将图像分割为两部分，分割后的图像为

$$g(x,y)=\begin{cases}b_0, & f(x,y)\leqslant T\\b_1, & f(x,y)>T\end{cases} \tag{8.20}$$

若取 $b_0=0$，$b_1=1$，即为图像二值化。

阈值分割方法主要分为全局阈值法和局部阈值法。全局阈值法指利用全局信息对整幅图像求出最优分割阈值，可以是单阈值，也可以是多阈值；局部阈值法是把原始的整幅图像分为若干子图像，再对每个子图像应用全局阈值法分别求出最优分割阈值。

全局阈值法又可分为基于点的阈值法和基于区域的阈值法。基于点的全局阈值算法与其他几大类方法相比，算法时间复杂度较低，易于实现，适合应用于在线实时图像处理系统。当同一区域内的像素在位置和灰度级上同时具有较强的一致性和相关性时，宜采用基于区域的全局阈值方法。当图像中出现有阴影、照度不均匀、各处的对比度不同、突发噪声、背景灰度变化等情况时，如果只用一个固定的全局阈值对整幅图像进行分割，则由于不能兼顾图像各处的情况将使分割效果受到影响。此时，需采用局部阈值法，也称动态阈值法，或自适应阈值法。

8.2.1 全局阈值分割

全局阈值分割关键点在于阈值的选取，根据阈值的选择方法不同出现了多种全局阈值分割算法，比如极小值点阈值法、最小均方误差法、迭代选择阈值法、双峰法、最大类间方差法等，下面将对这些算法做出简单的介绍。

1. 极小值点阈值法

将直方图在各点位的取值看作一条曲线，可利用曲线极小值的方法来选取直方图的峰谷。设用 $H(z)$ 代表图像灰度直方图，那么极小值点应满足 $\partial H(z)/z=0$ 和 $\partial^2 H(z)/z^2>0$。这些极小值点对应的灰度值 z 就可用作分割阈值。

2. 最小均方误差法

最小均方误差法是常用的阈值分割法之一。这种方法通常以图像中的灰度值为特征，将图像中各部分的灰度值视为独立分布的随机变量，并假设待分割部分的灰度值服从一定的概率分布，一般采用正态分布，即高斯概率分布。

首先假设一幅图像仅包含两个主要的灰度区域——前景和背景。令 z 表示灰度值，$p_1(z)$、$p_2(z)$ 表示灰度值概率密度函数的估计值，其中 $p_1(z)$ 对应于图像中前景即对象的灰度值，$p_2(z)$ 对应于背景的灰度值，则描述图像中整体灰度变换的混合密度函数是

$$
\begin{aligned}
P(z) &= P_1 p_1(z) + P_2 p_2(z) \\
&= \frac{P_1}{\sqrt{2\pi}\sigma_1}\exp\left[-\frac{(z-\mu_1)^2}{2\sigma_1^2}\right] + \frac{P_2}{\sqrt{2\pi}\sigma_2}\exp\left[-\frac{(z-\mu_2)^2}{2\sigma_2^2}\right]
\end{aligned}
\tag{8.21}
$$

其中，μ_1 和 μ_2 分别是前景和背景的平均灰度值；σ_1 和 σ_2 分别是对应标准差；P_1 和 P_2 分别是前景和背景中灰度值为 z 的像素出现的概率。根据概率定义有 $P_1+P_2=1$，所以混合密度函数中有 5 个未知的参数，如果能求出这些参数就可以确定混合概率密度。

假设 $\mu_1<\mu_2$，需要定义一个阈值 T，使得灰度值小于 T 的像素分割为背景，而灰度值大于 T 的像素分割为目标，这时错误地将一个目标像素划分为背景的概率和将一个背景

像素错误地划分为目标的概率分别是

$$E_1(T) = \int_{-\infty}^{T} p_2(z)\mathrm{d}z$$
$$E_2(T) = \int_{T}^{\infty} p_1(z)\mathrm{d}z \tag{8.22}$$

总的误差概率为

$$E(T) = P_2E_1(T) + P_1E_2(T) \tag{8.23}$$

为求得使该误差最小的阈值可将 $E(T)$ 对 T 求导并令导数为零，这样得

$$P_1p_1(z) = P_2p_2(z)$$
$$T = \frac{\mu_1 + \mu_2}{2} + \frac{\sigma^2}{\mu_1 - \mu_2}\ln\left(\frac{P_2}{P_1}\right) \tag{8.24}$$

若 $P_1 = P_2 = 0.5$，则最佳阈值是均值的平均数。

3. 迭代选择阈值法

迭代法是基于逼近的思想，其步骤为：

(1) 求出图像的最大灰度值和最小灰度值，分别记为 $Z_{\max}$ 和 $Z_{\min}$，令初始阈值 $T_0 = (Z_{\max} + Z_{\min})/2$；

(2) 根据阈值 T_k，将图像分割为前景和背景，分别求出两者的平均灰度值 Z_O 和 Z_B；

(3) 求出新阈值 $T_{k+1} = (Z_O + Z_B)/2$；

(4) 若 $T_{k+1} = T_k$，则 T_{k+1} 即为最终阈值；否则返回步骤 (2) 迭代计算。

基于迭代法的阈值分割效果良好，能够区分出图像前景和背景的主要区域，但在细微处表现一般。对某些特定图像，微小的数据变化会引起分割效果的巨大改变。迭代选择阈值法 MATLAB 程序如下，以答题卡图像为例，分割结果如图 8.7 所示。

```
clc;
clear ;
close all;

I = imread('s3.jpg');
figure, imshow(I);

thres = 0.5 * (double(min(I(:))) + double(max(I(:))));        % 初始阈值
done = false;
while ~done                                                    % 阈值判断
    fprintf('Threshold is: %.1f\n', thres);
    g = I >= thres;
    figure, imshow(g);
    Tnext = ceil(0.5 * (mean(I(g)) + mean(I(~g))));            % 阈值更新
```

```
        done = abs(thres - Tnext) < 0.5;                    % 阈值检验
        thres = Tnext;
    end

    >>
    >>Threshold is: 127.5
    >>Threshold is: 172.0
    >>Threshold is: 182.0
    >>Threshold is: 185.0
    >>Threshold is: 186.0
```

（a）灰度图像

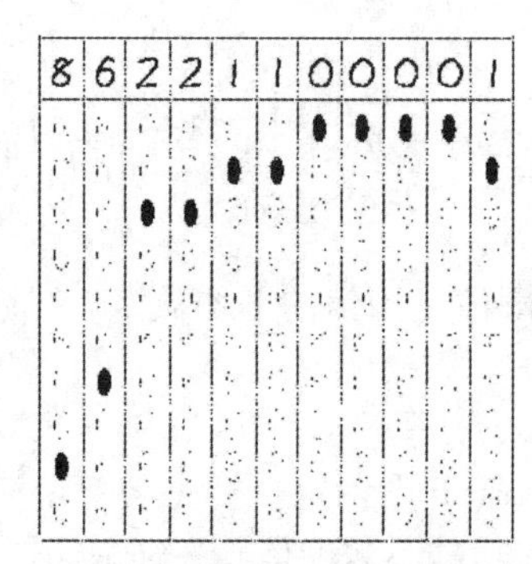

（b）阈值为 127.5 的分割结果

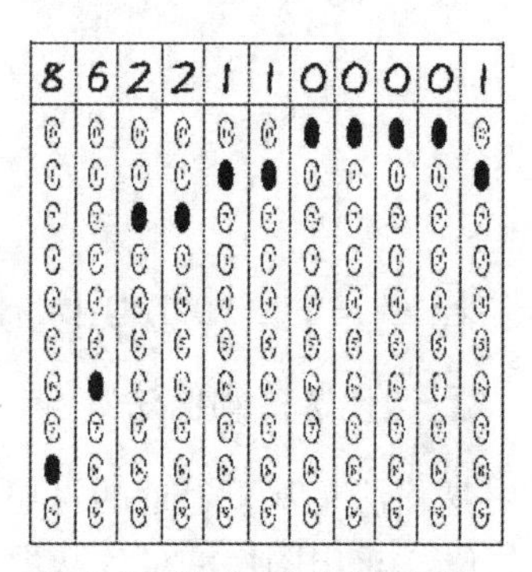

（c）阈值为172 的分割结果

（d）阈值为 182 的分割结果

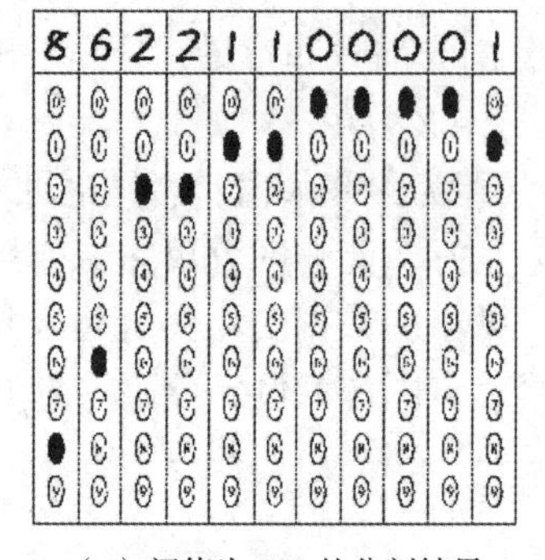

（e）阈值为 185 的分割结果

（f）阈值为 186 的分割结果

图 8.7　迭代选择阈值法

4. 双峰法

双峰法的原理与最小均方误差法类似，其同样假设图像由前景和背景（不同的灰度级）两部分组成，并且图像的灰度分布曲线近似认为是由前景和背景的两个正态分布函数叠加而成。因此，图像的灰度直方图将会出现两个分离的峰值，双峰之间的波谷处就是图像的阈值所在。以车牌局部为例，根据灰度直方图确定阈值并实现阈值分割的结果如图 8.8 所示。

（a）灰度图像　（b）双峰法分割图像

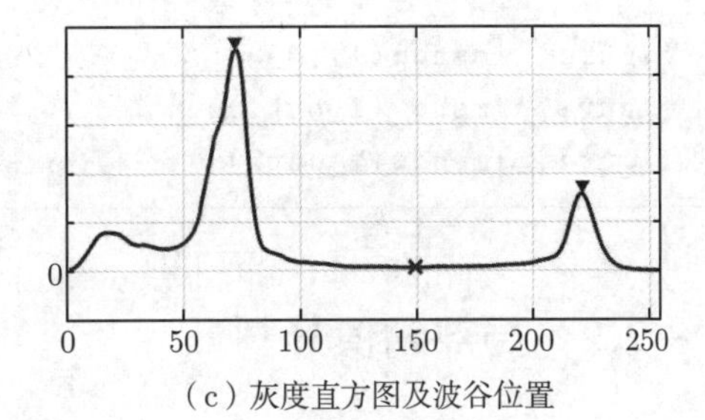

（c）灰度直方图及波谷位置

图 8.8　双峰法

5. 最大类间方差法

最大类间方差法，又称 Otsu 法或大津法，由 Otsu 于 1978 年提出。最大类间方差法以其计算简单、稳定有效，一直广为使用。从模式识别的角度看，最佳阈值应当具有最佳的目标类与背景类的分离性能，这种分离性能可用类别方差来表征，因此引入类内方差、类间方差和总体方差。其基本思路是将图像灰度直方图在某一阈值处分割成两组，当被分成的两组的方差为最大时，得到阈值。因为方差是灰度分布均匀性的一种量度，方差值越大，说明构成图像的两部分差别越大，当部分目标错分为背景或部分背景错分为目标时都会导致两部分差别变小，所以使类间方差最大的分割意味着错分概率最小。在 MATLAB 中采用 graythresh 函数直接实现该算法并得到阈值，并且图像二值化函数 imbinarize 也默认使用该算法。最大类间方差法图像分割结果如图 8.9 所示。

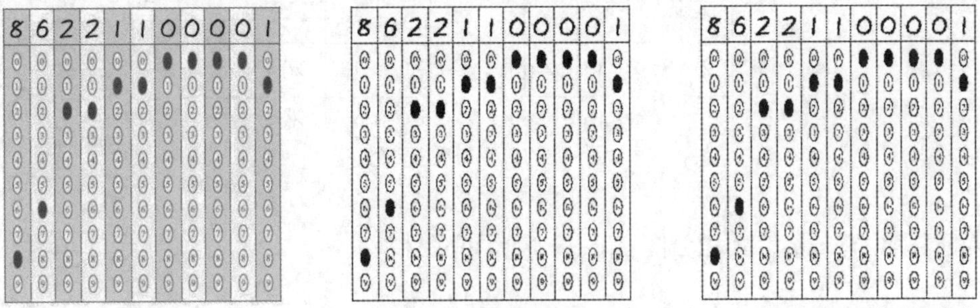

（a）灰度图像　（b）graythresh 函数确定阈值分割图像　（c）imbinarize函数默认参数分割图像

图 8.9　最大类间方差法

```
clc;
clear ;
close all;

I = imread('s3.jpg');
T = graythresh(I);                                  % 最大类间方差法得到阈值
I_out1 = I >= T*255;
I_out2 = imbinarize(I);                             % 二值化函数默认参数
```

```
figure, imshow(I);
figure, imshow(I_out1);
figure, imshow(I_out2);
```

8.2.2 局部阈值分割

全局阈值分割中的阈值根据全局信息产生，而作用对象也是整幅图像的全部像素。而局部阈值分割则是根据像素及其邻域的一些属性来计算出一个或多个阈值或阈值的判别式，这里介绍几种局部阈值算法。

1. 自适应阈值算法

自适应阈值算法用到了积分图（Integral Image）的概念，它是一个快速且有效地计算图像矩形区域像素值和的算法。积分图中任意一点的值是从图左上角到该点形成的矩形区域内所有像素值之和，如图 8.10（b）中 $(2,2)$ 位置的值，为图 8.10（a）中 $(1,1)$、$(1,2)$、$(2,1)$、$(2,2)$ 位置的值的加和。

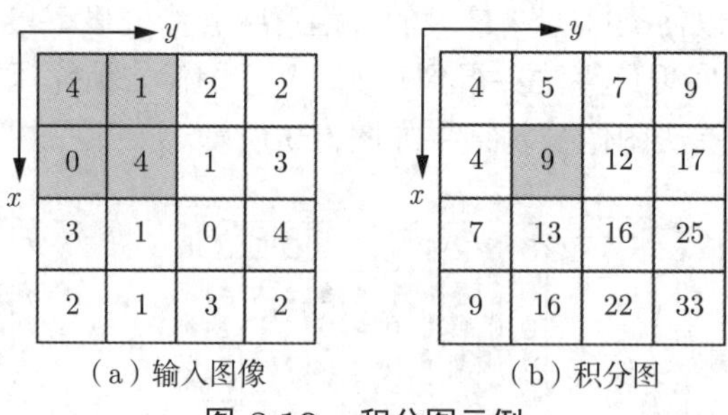

（a）输入图像　（b）积分图

图 8.10　积分图示例

对于图像 $f(x,y)$，其积分图 $I(x,y)$ 可由下式计算：

$$I(x,y)=f(x,y)+I(x-1,y)+I(x,y-1)-I(x-1,y-1) \tag{8.25}$$

自适应阈值算法的主要思想是以一个像素点为中心设置大小为 $n\times n$ 像素的滑窗，滑窗扫过整张图像，每次扫描均对窗口内的像素求均值并将均值作为此时窗口的局部阈值 T。若某点像素值小于以其为中心的窗口的局部阈值 T，则将该位置像素赋值为 0；高于 T 则赋值为 1。算法中涉及多次对有重叠的窗口进行加和计算，而积分图的使用可以有效地降低复杂度和操作次数。具体地，对于图像 $f(x,y)$ 及其积分图 $I(x,y)$，任意从左上角 (x_1,y_1) 到右下角 (x_2,y_2) 的矩形内（如图 8.11 所示）的像素值总和可以使用下式计算：

$$\sum_{x_1}^{x_2}\sum_{y_1}^{y_2}f(x,y)=I(x_2,y_2)-I(x_2,y_1-1)-I(x_1-1,y_2)+I(x_1-1,y_1-1) \tag{8.26}$$

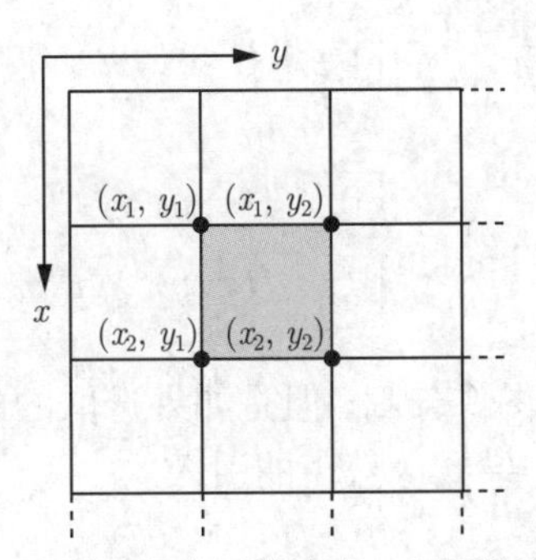

图 8.11　利用积分图计算窗口局部像素值总和

这样在算法流程中，共扫描全图两次，第一次扫描获得积分图，第二次扫描计算每个扫描窗口内像素值的平均值，作为局部阈值。以发生背景渐变情况的答题卡局部图像为例，采用最大类间方差法与采用不同窗口尺寸的自适应阈值算法实现图像分割的结果如图 8.12 所示。

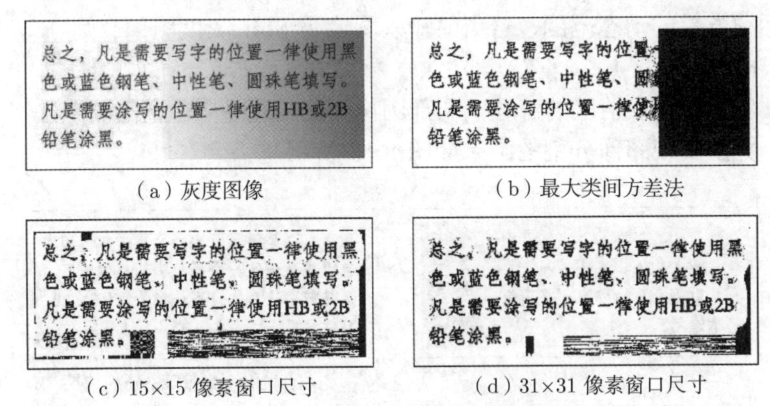

（a）灰度图像　（b）最大类间方差法

（c）15×15 像素窗口尺寸　（d）31×31 像素窗口尺寸

图 8.12　自适应阈值算法图像分割

2. Niblack 算法

Niblack 算法是通过某一像素点及其邻域内像素点灰度值的均值和标准差计算得到阈值的。在计算图像点 (x, y) 的阈值时，首先计算以点 (x, y) 为中心的 $n \times n$ 像素大小的区域内像素点的灰度均值 m 和标准差 s：

$$
\begin{aligned}
m(x,y) &= \frac{1}{n^2}\sum_{i=x-\frac{n}{2}}^{x+\frac{n}{2}}\sum_{j=y-\frac{n}{2}}^{y+\frac{n}{2}} f(i,j) \\
s(x,y) &= \sqrt{\frac{1}{n^2}\sum_{i=x-\frac{n}{2}}^{x+\frac{n}{2}}\sum_{j=y-\frac{n}{2}}^{y+\frac{n}{2}} (f(i,j)-m(x,y))^2}
\end{aligned}
\tag{8.27}
$$

然后根据灰度均值和标准差计算得到点 (x, y) 的阈值 T，计算公式为：$T(x, y) = k \times s(x, y) + m(x, y)$，其中，$k$ 为修正系数。最后将图像中所有的像素点按照此方法处理即可实现图像分割，分割后的图像 $g(x,y)$ 如下：

$$g(x,y)=\begin{cases}0, & f(x,y)\leqslant T(x,y)\\ 1, & f(x,y)>T(x,y)\end{cases} \tag{8.28}$$

Niblack 算法虽然能够实现图像分割，但是如果选取的区域均为背景点时，该算法会将灰度值较高的点当作是目标点，导致伪噪声的引入。

3. Sauvola 算法

Sauvola 算法是在 Niblack 算法基础上的改进，其在求得以点 (x,y) 为中心的 $n\times n$ 像素大小的区域内像素点的灰度均值 m 和标准差 s 后，计算该点的阈值 T：

$$T(x,y)=m(x,y)\left[1+k\left(\frac{s(x,y)}{R}-1\right)\right] \tag{8.29}$$

其中，R 是标准方差的动态范围，若当前输入图像为 8bit 灰度图像，则 $R=128$；k 是修正参数，一般取 $0<k<1$。

同样以发生背景渐变情况的答题卡局部图像为例，采用自适应阈值算法、Niblack 算法以及 Sauvola 算法实现图像分割的结果如图 8.13 所示。

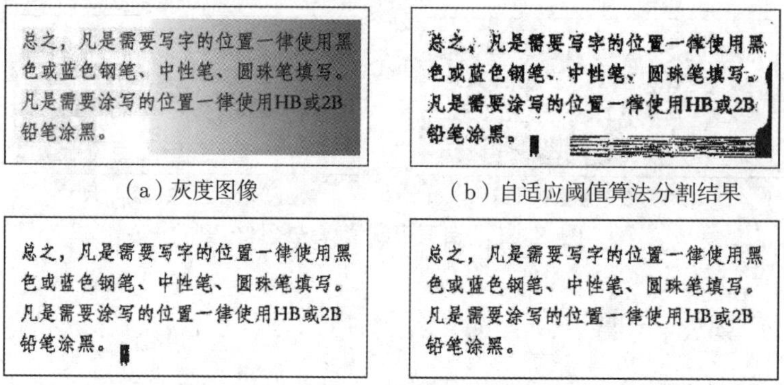

（a）灰度图像　　（b）自适应阈值算法分割结果

（c）Niblack 算法分割结果　　（d）Sauvola 算法分割结果

图 8.13　三种局部阈值分割结果

8.3　区域分割

8.3.1　区域生长

图像分割的目的是将一幅图像划分成一些子区域，因此，最直接的方法就是将一幅图像分割成满足某种判据的子区域。

将图像分割成子区域的一种方法叫区域生长或区域生成法，其基本思想是将图像中满足某种相似性准则的像素点集合起来构成区域。先对每个需要分割的区域找一个“种子”像素作为生长的起点，然后将“种子”像素周围邻域中与“种子”像素有相同或相似性质的像素合并到“种子”像素所在的区域中。其中相似性准则可以是灰度级、彩色、组织、梯度或其他特性，相似性测度可以根据所确定的阈值来判定。将这些新像素当作新的“种子”像素继续进行上面的过程，直到再没有满足条件的像素可被包括进来，这样就完成了一个区域生长过程。总结起来算法关键有三点：

（1）选择合适的生长点；

（2）确定相似性准则即生长准则；

（3）确定生长停止条件。

图 8.14 所示为一个区域生长过程示例，其中，数字表示像素的灰度。以图 8.14（a）中灰度值为 8 的像素为“种子”像素，即初始的生长点。生长准则是在 8 邻域内的像素点灰度值与生长点灰度值相差不超过 1。那么图 8.14（b）是第一次区域生长后，阴影标记像素点和生长点灰度值相差都是 1，因而被合并。图 8.14（c）是第二次生长后，8 邻域内满足准则的像素点被合并。图 8.14（d）为第三次生长后。至此，已经不存在满足生长准则的像素点，生长停止。

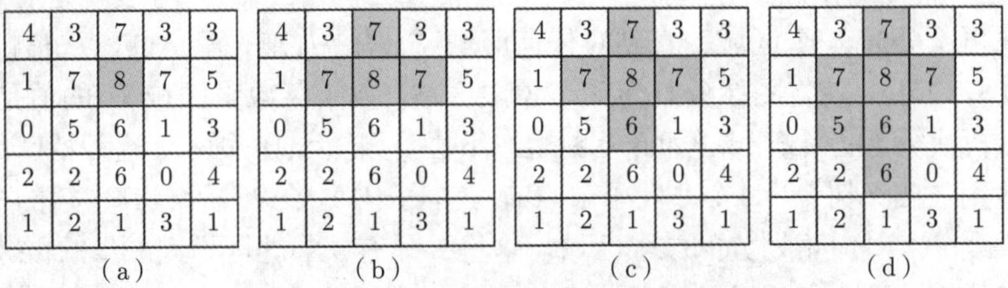

4	3	7	3	3
1	7	8	7	5
0	5	6	1	3
2	2	6	0	4
1	2	1	3	1

（a）

4	3	7	3	3
1	7	8	7	5
0	5	6	1	3
2	2	6	0	4
1	2	1	3	1

（b）

4	3	7	3	3
1	7	8	7	5
0	5	6	1	3
2	2	6	0	4
1	2	1	3	1

（c）

4	3	7	3	3
1	7	8	7	5
0	5	6	1	3
2	2	6	0	4
1	2	1	3	1

（d）

图 8.14　区域生长示例

在 MATLAB 中，可以采用 grayconnected 函数实现区域生长算法。以车牌图像为例，不同生长准则下的图像分割结果如图 8.15 所示。三种生长准则分别为：8 邻域内像素点与“种子”像素灰度值相差不超过 10、20、30，其对应结果如图 8.15（b）（c）（d）所示。

```
clc;
clear ;
close all;

I = imread('s1.jpg');
seedrow = 50;                                   % 种子像素坐标
seedcol = 130;                                  % 种子像素坐标
tol = 20;                                       % 生长准则，8邻域灰度值
    % 相差不超过20
Ibw = grayconnected(I, seedrow, seedcol, tol);

figure, imshow(I);
figure, imshow(Ibw);
```

（a）灰度图像及种子像素（b）生长准则 1 分割结果（c）生长准则 2 分割结果（d）生长准则 3 分割结果

图 8.15　不同生长准则下图像分割结果

8.3.2　区域分裂与合并

区域生长是从图像的某个或者某些像素点出发，最后得到区域，进而实现图像分割。另一种方法是在开始时将图像分割为一系列任意不相交的区域，然后将其进行合并或拆分以满足分割条件，即分裂与合并的区域分析法，又称为区域分裂与合并法。该方法的基本原理是利用图像数据的“金字塔”或“四叉树”数据结构的层次概念，将图像分为一组任意不相交的区域，即可以从图像的这种“金字塔”或“四叉树”结构的任意中间层开始，根据给定的均匀性检测准则进行分裂和合并这些区域，逐步改善这些区域的性能，直到最后将图像分为数量最少的区域为止。

令 R 表示整幅图像区域并选择一个均匀性准则 H。对 R 进行分裂就是反复将分裂得到的子图像再次分为 4 个区域，直到对任何区域 R_i 有 $H(R_i) = \text{True}$。从整幅图像开始，如果 $H(R) = \text{False}$，就将图像分割为 4 个象限区域。如果某象限区域 H 的值是 False，就将该个区域再次分为 4 个区域，如此不断继续下去。如图 8.16 所示，这种特殊的分割技术可以方便地用“四叉树”（每个非叶子节点有 4 个子树）形式表示，其中树的根对应于整幅图像，每个节点对应于划分的象限区域。这里，只有 R_4 进行了进一步的再分。

如果仅使用分裂，最后的分区可能会包含具有相同性质的相邻区域。可以通过在进行分裂的同时，也允许进行区域合并来纠正这一情况。限制条件仅要求合并的邻接区域必须满足均匀性准则 H，即只有在 $H(R_j \bigcup R_k) = \text{True}$ 时，两个相邻的区域 R_j 和 R_k 才可以合并。

因此，分裂合并过程可以总结为如下步骤：

（1）确定均匀性准则 H，将原始图橡构成如图 8.16 所示的“四叉树”结构；

（2）对于任何区域 R_i，如果 $H(R_i) = \text{False}$，就将 R_i 拆分为 4 个不相交的象限区域；

（3）将满足 $H(R_j \bigcup R_k) = \text{True}$ 的任意两个相邻区域 R_j 和 R_k 进行合并；

（4）当无法进行进一步合并或分裂时终止。

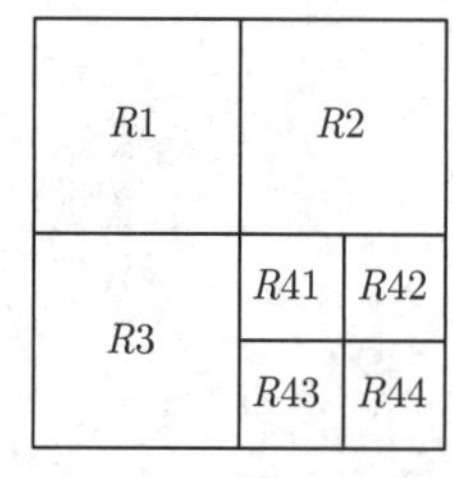

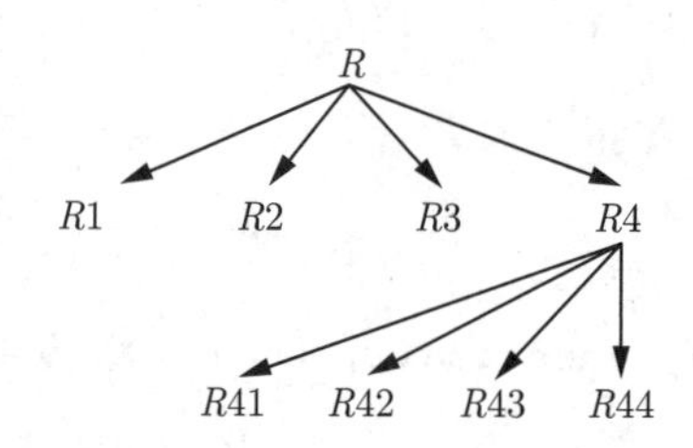

图 8.16　图像的分裂合并“四叉树”结构

这种方法对复杂图像的分割效果较好，但算法较复杂，计算量大，分裂还可能破坏区域的边界。可以对上述基本思想进行一些适当的变化加以改进，例如，一种变化方案是开始时将图像分裂为一组图像子块，然后对每个子块进一步进行上述分裂。但合并操作开始时具有一定的限制，即只能将 4 块并为一组。这 4 块是“四叉树”表示法中节点的后代且都满足均匀性准则 H。当不能再进行此类合并时，这个过程终止于满足步骤（3）的最后的区域合并，在这种情况下，合并的区域大小可能会不同。这种方法的主要优点是对于分裂和合并都使用同样的“四叉树”，直到合并的最后一步。

在 MATLAB 中，采用 qtdecomp 函数实现图像的“四叉树”结构化，并采用 qtsetblk 函数、qtgetblk 函数对子区域进行赋值、获取信息等操作。以 256×256 像素尺寸的车牌局部为例，使用上述分裂合并方法实现的图像分割如图 8.17 所示，其均匀性准则为象限区域因灰度最大值与最小值之差不超过 0.25 倍 8bit 灰度值上限，即 255。其中图 8.17（b）所示为完全分裂结果，图 8.17（c）～（e）显示了象限区域最小尺寸从 8 变到 2 得到的分割结果。

（a）灰度图像　（b）分裂结果

（c）区域最小 8×8 像素结果　（d）区域最小 4×4 像素结果　（e）区域最小 2×2 像素结果

图 8.17　分裂与合并分割图像

```
clc;
clear;
close all;

I = imread('s11.jpg');

S = qtdecomp(I, 0.25);
blocks = repmat(uint8(0),size(S));

for dim = [256 128 64 32 16 8 4 2 1]
```

```
    numblocks = length(find(S==dim));
    if (numblocks > 0)
      values = repmat(uint8(1),[dim dim numblocks]);
      values(2:dim,2:dim,:) = 0;                       % 绘制分裂结果边界
      blocks = qtsetblk(blocks,S,dim,values);
    end
  end

  blocks(end,1:end) = 1;
  blocks(1:end,end) = 1;                               % 绘制外围边界

  figure, imshow(I);
  figure, imshow(blocks, []);
```

8.4 其他图像分割算法

8.4.1 基于聚类的图像分割

聚类的目的就是把性质相似的多个数据或对象分为多个类，使得类与类之间的数据相似度尽可能小，而每个类内的数据相似度尽可能大。图像分割问题实质上可理解为对像素的分类问题，相似的像素组成一类来构成一个区域，所以很自然地将聚类分析方法应用到图像分割中。而基于聚类的图像分割方法主要是使用现有的聚类分析算法将不同像素或区域分到不同的类别中。

本小节主要介绍具有代表性的聚类算法，全局 K-means 聚类算法。实际上，无论是从算法思想，还是具体实现上，K-means 算法是一种很简单的算法。它属于无监督分类，通过按照一定的方式度量样本之间的相似度，通过迭代更新聚类中心，当聚类中心不再移动或移动差值小于阈值时，则就样本分为不同的类别。算法主要思路如下：

（1）随机选取聚类中心；

（2）根据当前聚类中心，利用选定的度量方式，分类所有样本点；

（3）计算当前每一类的样本的均值，作为下一次迭代的聚类中心；

（4）计算下一次迭代的聚类中心与当前聚类中心的差距；

（5）如果差距小于给定迭代阈值时，迭代结束；反之，返回步骤（2）进行下一次迭代。

在应用于图像分割时，根据输入 K-means 的图像数据内容确定图像分割依据。例如，以灰度图像作为输入，则表示对像素灰度值做聚类；以图像的梯度幅值作为输入，则会将梯度幅值相似的像素归为同类。在 MATLAB 中可采用 imsegkmeans 函数实现基于 K-means 聚类的图像分割，图 8.18 展示了 K-means 算法对局部车牌图像的分割结果。其中，输入为灰度图像，因此像素间相似度以像素间灰度值的距离表示。在分割结果中，采用不同灰度值标记不同类别的像素，即同一个类别的像素被标记为同种灰度。

（a）灰度图像

（b）$K=2$ 分割结果

（c）$K=4$ 分割结果

（d）$K=6$ 分割结果

图 8.18　基于 K-means 聚类的图像分割结果

8.4.2　分水岭分割

分水岭分割是基于地理形态分析的图像分割算法，通过模仿地理结构（比如山川、沟壑、盆地）来实现对图像不同区域的划分。具体地，将图像的灰度空间视为地球表面的地理结构，每个像素的灰度值代表其位置的海拔高度，其中灰度值较大的像素连成的线可以看作山脊，也就是分水岭。当开始向当前地理结构注水时，水会填充每个孤立山谷，并形成同海拔高度的水平面。每个山谷即为图像中局部最小值，形成的水平面即为图像的二值化阈值，比水平面低的区域会被淹没。当水平面上升到一定高度时，水会溢出当前山谷发生汇集，需要在分水岭上修水坝避免两个山谷的水汇集。这样图像就被分成 2 个像素集，一个是被水淹没的山谷像素集，另一个是分水岭像素集。而这些水坝就是由分水岭算法提取出来的分割线，这些分割线对整个图像进行了分区，实现了对图像的分割。图 8.19 以地理结构剖面图的形式说明分水岭算法过程。

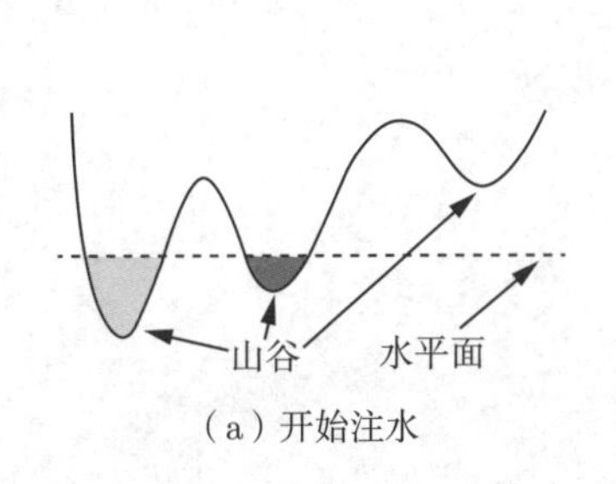

（a）开始注水

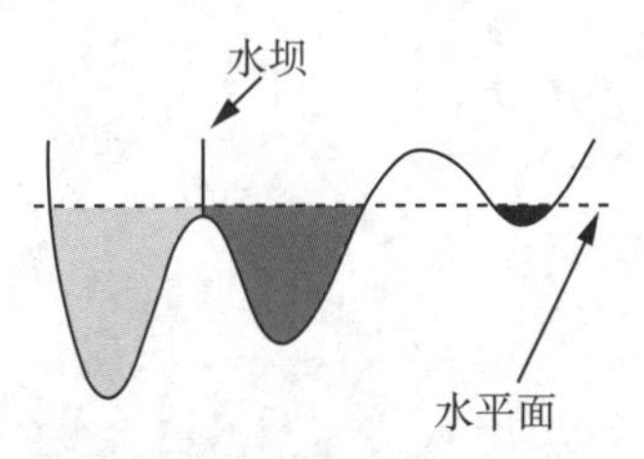

（b）建立水坝

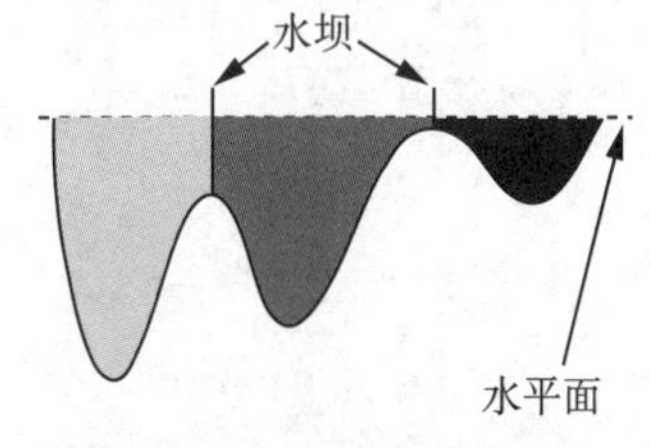

（c）完成分区

图 8.19　分水岭算法示意图

在实际使用中，分水岭分割主要用于从图像背景中分割出具有较强一致性的前景目标，而这种一致性可以通过梯度值体现，即灰度值变化较小的区域具有较小的梯度值。因此，一般将分水岭分割方法应用于图像的梯度图，即借助图像的梯度图构建地理结构，而不是直接应用于原始灰度图像。但需要注意的是，由于噪声点或其他因素的干扰，梯度图可能会产生诸多局部极值点，进而产生诸多细小区域，造成图像被过度分割。

在 MATLAB 中，可在梯度图基础上采用 bwdist 函数构建地理结构，然后采用 watershed 函数实现分水岭分割，并提取分割线。图 8.20、图 8.21 所示为车牌图像的分水岭分割过程及结果。其中，图 8.20（c）所示为根据梯度图生成的地理结构图，由图 8.20（d）所示的透视图可直观看出山脊走势。

（a）灰度图像　　（b）梯度图　　（c）地理结构图

（d）地理结构透视图

图 8.20　分水岭分割过程

图 8.21（a）所示为分水岭分割后采用不用灰度值标记的各山谷区域。最终构建的水坝，即分割线如图 8.21（b）所示，将其绘制于原始灰度图像后如图 8.21（c）所示。

（a）各山谷区域　　（b）分水岭形成的分割线　　（c）分水岭分割结果

图 8.21　分水岭分割结果

第9章

表示与描述

CHAPTER 9

图像分割将一幅图像分解成若干特定的、具有独特性质的区域后，为了进一步处理，要对分割所得区域进行形式化表示与描述。为了形式化表示区域，可从两个角度出发：一是根据区域的外部特征（如边界）来表示区域；二是根据区域的内部特征（如区域包含的像素）来表示。然后在形式化表示区域的基础上，提取特征对区域进行描述，用于更高层次的图像识别、分类与理解等。

一般地，如果关注的重点是区域的形状特征，可选择边界等外部表示方式；当关注的重点是区域内部属性时，如颜色、纹理等，可选择内部表示方式；有时也需要同时使用这两种表示方式。此外，用于描述区域表示的特征都应该对尺寸、平移、旋转等变换尽可能不敏感。

9.1　边界表示

9.1.1　边界追踪

边界追踪算法能够实现区域边界的形式化表示，其输出为区域边界上的点按顺时针（或逆时针）方向的序列。由于是对图像分割所得区域进行表示，因此可对待表示区域做二值标记，即目标区域和背景分别标记为 1 和 0，同时在目标区域周围填充保护性 0 值以防止目标区域与图像边界合并。在此基础上，给定一个二值区域，以 8 邻域追踪区域边界的过程如图 9.1 所示，具体由以下步骤组成：

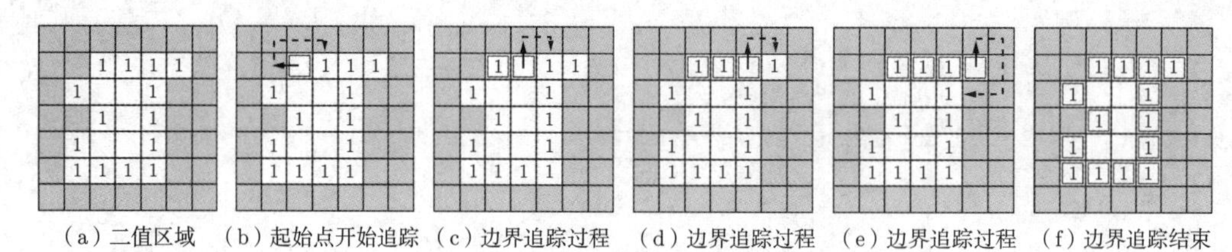

（a）二值区域　（b）起始点开始追踪　（c）边界追踪过程　（d）边界追踪过程　（e）边界追踪过程　（f）边界追踪结束

图 9.1　边界追踪过程示意图

（1）以区域左上角标记为 1 的点为起始点，记录该点位置；

（2）从起始点西侧邻点开始，顺时针依次考察起始点的 8 个邻点，并定义起始点向考察点方向为跟踪方向；

（3）首次遇到的值为 1 的邻点即为边界点，记录该点位置，并将该边界点设为新的起始点；

（4）跟踪方向逆时针旋转 90°，再次顺时针依次考察新起始点的 8 个邻点；

（5）重复步骤上述步骤，直到回到初始点且找到下一边界点为已记录的第二边界点。

这种边界追踪算法被称为摩尔边界追踪算法，算法运行结束后，所有记录的点就构成了该区域按顺时针方向排列的边界点的序列。如果目标区域包含孔洞，有时需要同时追踪外边界与内边界。对于内边界追踪，一种简单的方法是采用数学形态学处理提取孔洞为一个新的无孔洞区域，然后采用边界追踪算法得到边界。

在 MATLAB 中采用函数 bwtraceboundary 以摩尔边界追踪算法实现区域边界追踪，

并且有其进阶函数 bwboundaries 实现内外边界追踪。以车牌局部图像为例，获取字符区域边界序列并依此绘制边界如图 9.2 所示。

```
clear;
close all;
clc;

f = imread('s1.jpg');
figure, imshow(f);

u = 6;                              % bwtraceboundary 函数需要设置跟踪起始点
v = 29;

boundary = bwtraceboundary(f, [u, v], 'W');
figure, plot(boundary(:, 2), boundary(:, 1), 'k', 'LineWidth', 2);
set(gca,'YDir','reverse');

B = bwboundaries(f);                % bwboundaries 函数可直接运行
figure;
for k = 1:length(B)
    boundary = B{k};
    plot(boundary(:, 2), boundary(:, 1), 'k', 'LineWidth', 2);
    hold on;
end
hold off;
set(gca,'YDir','reverse');
```

（a）字符二值区域

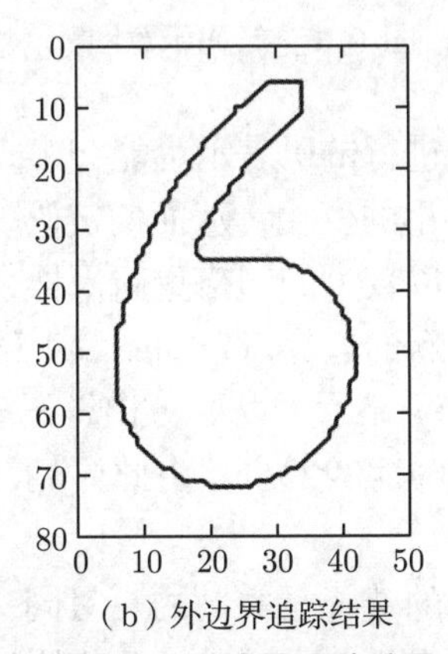

（b）外边界追踪结果

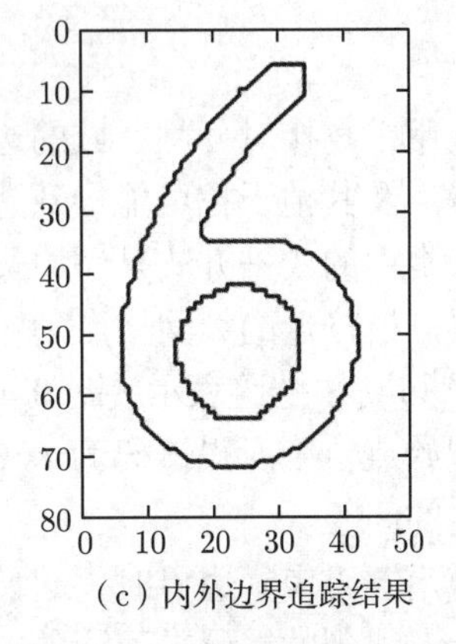

（c）内外边界追踪结果

图 9.2　边界追踪结果

通过打印 bwtraceboundary 函数所得边界序列可以看出，边界追踪过程由起始点开始，最后回到起始点结束，得到长度为 167 的边界点序列。

```
>>(6, 29), (6, 30), (6, 31), (6, 32), (6, 33), (6, 34), (7, 34), (8, 34),
    (9, 34), (10, 34), ..., (10, 24), (10, 25), (9, 26), (8, 27), (7, 28),
    (6, 29)
```

9.1.2 边界链码

链码是对区域边界的一种编码表示方法，其主要利用一系列具有特定长度和方向并且依次相连的直线段来表示目标区域的边界。由于每个线段的长度固定并且方向数目有限，因此仅边界的起点需要采用绝对坐标表示，其余点均可只用接续方向来代表偏移量。这意味着对于每一个边界点只需一个方向值就可以代替两个坐标值，因此采用链码表示可大大减少边界表示所需的数据量。

数字图像一般是按固定间距的网格进行采样量化的，即垂直方向和水平方向的间距相等，因此最简单的链码就是跟踪边界并赋给每两个相邻像素的连线一个方向值。常用的有 4 方向和 8 方向链码，如图 9.3 所示，其方向定义都为有限数量方向。

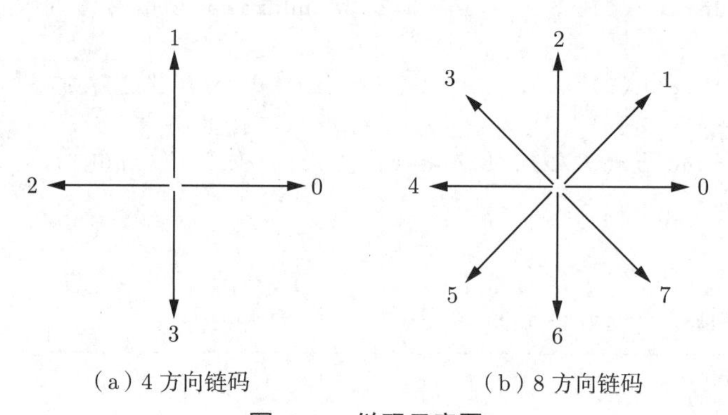

（a）4 方向链码　　（b）8 方向链码

图 9.3　链码示意图

应用中直接对分割区域的边界进行链码表示可能会出现两个问题：一是所得链码太长；二是噪声及其他干扰可能导致边界小的变化，从而使链码发生与区域主要特征无关的较大变动。常用的改进方法是对原边界以较大的网格重新采样，如图 9.4（a）所示。然后将与原边界点最接近的大网格点确定为新的边界点，如图 9.4（b）所示。最后对新的边界点进行 4 链码或 8 链码表示，图 9.4（c）显示了以 8 方向链码表示的粗略边界点，以边界左上角为起始点，则所得链码为 656006654322211。由此可见，最终链码表示的精度取决于采样网络的间距。

使用链码表示边界时，起始点的选择是关键的。对同一个区域边界，以不同的边界点为起始点得到的链码是不同的。可采用起始点归一化解决这个问题，具体方法如下：将链码视为由方向值组成的循环序列，重新定义起始点，使得方向值序列构成的自然数值最小。与之类似地，可采用旋转归一化解决区域旋转时其边界的链码表示发生变化的问题，方法是使用链码的一阶差分来替代原始链码，其中差分可用相邻两个边界点的方向值按反方向相减得到，即后一项方向值减去前一项方向值求取差分。例如，图 9.5（a）所示为某边界方向值，以左上角为起始点，所得链码、差分结果及其初始点归一化结果。将该边界逆时针旋转 90°，得到新的边界方向值如图 9.5（b）所示，同样以左上角为起始点得到链码、差分结果及其初始点归一化结果，可见经旋转归一化后，同一区域边界的链码表示具有旋转不变性。

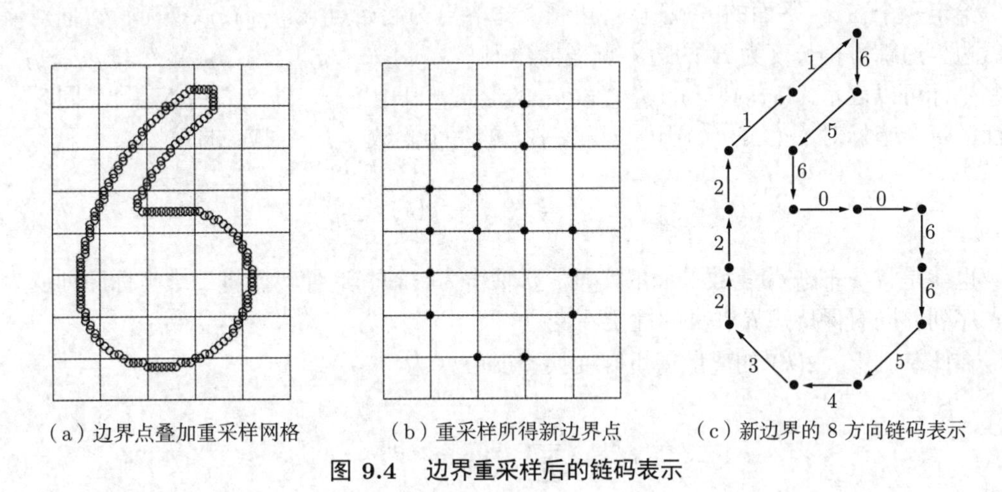

（a）边界点叠加重采样网格　（b）重采样所得新边界点　（c）新边界的 8 方向链码表示

图 9.4　边界重采样后的链码表示

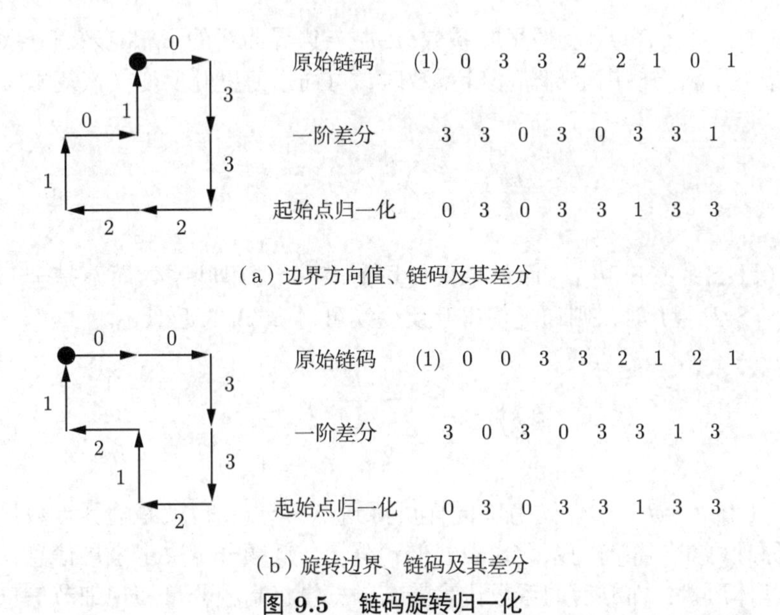

（a）边界方向值、链码及其差分

（b）旋转边界、链码及其差分

图 9.5　链码旋转归一化

此外，由于链码表示无需边界点的绝对位置，因此具有平移不变性。而通过改变重采样网格的大小，亦可实现区域的尺寸归一化，进而使链码表示具有尺寸不变性。需要注意的是，链码表示具有不变性的前提是区域边界本身不变。例如，当同一区域按不同方向进行网格重采样后，通常会得到不同的边界形状，不相似程度与网格间距成正比。

9.2 边界描述

9.2.1 傅里叶描述子

给定一个在 xy 平面的区域边界，以任意边界点为起始点 (x_0, y_0)，以逆时针方向对该区域做边界追踪可得长度为 K 的边界点坐标序列 $(x_0, y_0), (x_1, y_1), (x_2, y_2), \cdots, (x_{K-1}, y_{K-1})$，这些坐标可以表示为 $x(k) = x_k, y(k) = y_k$ 的形式，其中 $k = 0, 1, 2, \cdots, K-1$。同时，xy 平面的每个坐标对 $(x(k), y(k))$ 可与复数平面的每个复数 $z(k)$ 对应，即

$$z(k) = x(k) + \mathrm{j}y(k) \tag{9.1}$$

也就是将 x 轴作为复数平面的实轴，y 轴作为虚轴。这种转换将二维坐标序列变为一维点序列，同时保持边界本身的性质不变。

在此基础上，$z(k)$ 的离散傅里叶变换（DFT）为

$$a(u) = \sum_{k=0}^{K-1} z(k)\mathrm{e}^{-\mathrm{j}2\pi uk/K} \tag{9.2}$$

其中，$u = 0, 1, 2, \cdots, K-1$。傅里叶系数 $a(u)$ 与边界曲线的形状有着直接关系，称为边界的傅里叶描述子。当使用全部傅里叶系数时，可通过傅里叶反变换恢复出 $z(k)$，即

$$z(k) = \frac{1}{K}\sum_{u=0}^{K-1} a(u)\mathrm{e}^{\mathrm{j}2\pi uk/K} \tag{9.3}$$

其中，$k = 0, 1, 2, \cdots, K-1$。而如果仅使用前 P 个傅里叶系数而不是全部系数，即令 $a(u) = 0$ 当 $u > P-1$ 时，则通过傅里叶反变换可得 $z(k)$ 的近似

$$\hat{z}(k) = \frac{1}{K}\sum_{u=0}^{P-1} a(u)\mathrm{e}^{\mathrm{j}2\pi uk/P} \tag{9.4}$$

其中，$k = 0, 1, 2, \cdots, K-1$。这意味同样可得到 K 个点，也就是边界点数量不变。而由傅里叶变换原理可知，靠前的系数代表着低频分量，低频分量决定全局信息，体现在边界上为边界的整体形状；而靠后的系数代表着高频分量，高频分量表现细节信息，体现在边界上为局部弯折。因此，如果关注边界的形状，使用前 P 个傅里叶系数描述边界即可。

此外，傅里叶描述子对平移、旋转、尺度变换以及起始点位置是不敏感的，体现在这些针对边界的变换与对应傅里叶描述子的变换是相关的。例如，针对边界 $z(k)$ 做旋转变换，旋转 θ 角后得到边界序列为 $z(k)\mathrm{e}^{\mathrm{j}\theta}$，其傅里叶描述子为

$$a_r(u) = \sum_{k=0}^{K-1} z(k)\mathrm{e}^{\mathrm{j}\theta}\mathrm{e}^{-\mathrm{j}2\pi uk/K} = a(u)\mathrm{e}^{\mathrm{j}\theta} \tag{9.5}$$

其中，$u = 0, 1, 2, \cdots, K-1$。可见针对边界的旋转变换通过一个常数项 $\mathrm{e}^{\mathrm{j}\theta}$ 等同地影响所有系数。

图 9.6（a）～（d）显示了字符 A、字符 V 以及字符 V180° 旋转变换与 1.5 倍尺寸变换的边界，同时图 9.6（e）～（h）显示了对应的傅里叶描述子前 20 项的幅值。

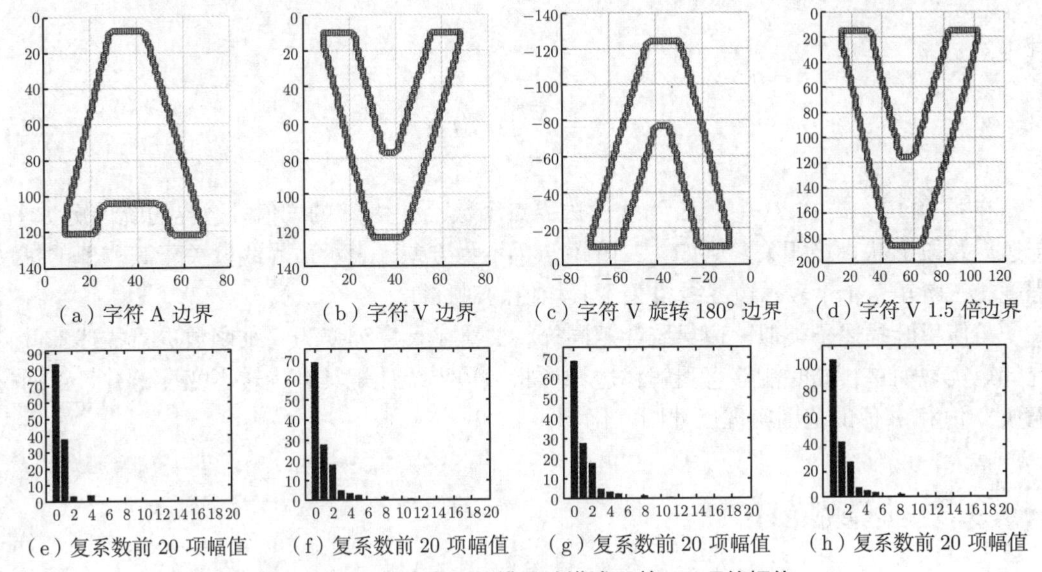

（a）字符 A 边界
（b）字符 V 边界
（c）字符 V 旋转 180° 边界
（d）字符 V 1.5 倍边界
（e）复系数前 20 项幅值
（f）复系数前 20 项幅值
（g）复系数前 20 项幅值
（h）复系数前 20 项幅值

图 9.6　字符边界及其傅里叶描述子前 20 项的幅值

由图 9.6 可见，对于不同边界的形状，使用前若干傅里叶系数即可描述出边界的不同。对于旋转变换，由于常数项 $\mathrm{e}^{\mathrm{j}\theta}$ 的幅值为 1，因此傅里叶描述子的幅值没有变化，如图 9.6（g）所示；而对于尺寸变换，所有系数的幅值与边界变化倍率相同，而幅值分布不变，如图 9.6（h）所示。

9.2.2　边界统计矩

边界线段的形状可使用统计矩来定量描述，常用的统计矩包括均值、方差和高阶矩等。具体地，如图 9.7（a）所示为一段边界线段，通过将其两个端点相连，然后旋转该线段使得端点连线水平，并依此定义坐标系，这样原始线段可表示为关于变量 r 的函数 $g(r)$ 如图 9.7（b）所示。

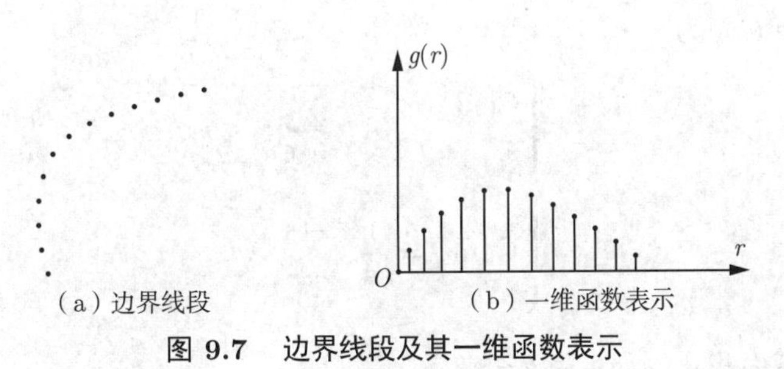

图 9.7　边界线段及其一维函数表示

接下来，将函数 $g(r)$ 下面积归一化为单位面积，这样可将函数 $g(r)$ 在 r_i 处取值 $g(r_i)$ 视为概率，进而可得变量 r 的 n 阶统计矩为

$$\mu_n(r)=\sum_{i=0}^{K-1}(r_i-m)^n g(r_i) \tag{9.6}$$

其中，

$$m=\sum_{i=0}^{K-1}r_i g(r_i) \tag{9.7}$$

在式 (9.6)、式 (9.7) 中，K 为线段边界点个数；m 为 r 的均值。边界的统计矩 $\mu_n(r)$ 与边界线段形状直接相关，例如，二阶矩 $\mu_2(r)$ 为方差，表示边界线段关于其均值的扩展程度，三阶矩 $\mu_3(r)$ 表示边界线段关于其均值的对称性。

与傅里叶描述子类似，边界统计矩同样将二维坐标序列变为一维函数进行描述，并且统计矩实现简单，同时能够直观解释边界形状。边界统计矩具有旋转不变性，并且可通过缩放 g 值和 r 值的范围实现尺寸归一化。

9.3 区域描述

9.3.1 基本区域描述子

从分割所得区域的内部出发，最直接的形式化表现就是记录区域包含的像素，而像素组成区域的形状及拓扑结构则是对该区域的最直观描述。区域形状特征主要包括面积、重心、圆度、矩形度等，拓扑描述子常用的为欧拉数。

区域的面积定义为区域中像素的数量，若区域已经过二值化标记，则区域面积即为所有像素值之和。即对于区域 R，其面积 A 为

$$A=\sum_{(x,y)\in R}1 \tag{9.8}$$

其中，(x,y) 为图像像素坐标。

区域的重心则是属于该区域的像素点的位置的均值。在二值化标记的基础上，区域 R 的重心 $(\mathrm{Cent}_x,\mathrm{Cent}_y)$ 为

$$\begin{cases}\mathrm{Cent}_x=\dfrac{1}{A}\displaystyle\sum_{(x,y)\in R}x\\[2ex]\mathrm{Cent}_y=\dfrac{1}{A}\displaystyle\sum_{(x,y)\in R}y\end{cases} \tag{9.9}$$

其中，A 为该区域面积；(x,y) 为像素坐标。

区域的周长为该区域边界的长度，区域面积主要在区域尺寸不变的情况下作为区域描述子。相比于单独使用，区域的面积与周长更常用于度量该区域的致密性，采用的方法为计算区域面积与同周长的圆（最致密的形状）的面积之比，该比值定义为圆度。对于周长为 P 的区域 R，其圆度为

$$R_c = \frac{4\pi A}{P^2} \tag{9.10}$$

其中，A 为该区域面积。理论上当区域为圆形时，其圆度为 1。但由于边界点统计时采用的 4 邻域与 8 邻域方法，导致在计算小对象圆度时会出现圆度值大于 1 的情况。

与圆度计算方法类似的描述子是矩形度，为区域面积与该区域边框构成的矩形的面积之比。其中区域边框为包含区域的最小外接框，常用的二维边框由四个元素构成，前两项为边框左上角坐标，后两项分别为边框的水平宽度和垂直高度。对于区域 R，其矩形度为

$$R_{\text{rect}} = \frac{A}{S_{\text{boundingbox}}} \tag{9.11}$$

其中，A 为该区域面积；$S_{\text{boundingbox}}$ 为该区域边框矩形的面积。

欧拉数是一种拓扑特性，其用于描述区域中的孔洞数量 H 和连通分量数量 C，其公式为

$$E = C - H \tag{9.12}$$

其中，E 为该区域的欧拉数。

在 MATLAB 中可采用 regionprops 函数获取图像区域的上述描述子，该函数的 Area 属性对应区域面积，Centroid 属性对应区域重心，Circularity 属性对应区域的圆度，Extent 属性对应区域的矩形度，EulerNumber 属性对应区域欧拉数。以车牌局部图像为例，在经过图像分割后已获取各字符的区域并以二值图像方式标记，如图 9.8 所示。在此基础上，各个字符的区域描述子如表 9.1 所示。

```
clear;
close all;
clc;

f = imread('s1.jpg');
figure, im = imagesc(f);
im.Parent.Colormap = gray;

stats = regionprops('table', f, 'Area', 'Centroid', 'Circularity',
    'Extent', 'EulerNumber');
disp(stats);
```

图 9.8 车牌图像字符区域

表 9.1 车牌局部的区域描述子

编号	面积	重心		圆度	矩形度	欧拉数
1	3521	37.288	70.902	0.41046	0.51029	0
2	120	93.042	66.700	1.1498	0.83916	1
3	3614	147.15	64.205	0.1788	0.49453	1
4	3187	226.46	63.462	0.2347	0.46188	1
5	3625	305.60	68.816	0.15585	0.50473	1
6	3033	390.89	62.743	0.18159	0.43236	1
7	3022	462.92	72.501	0.38865	0.43842	0

9.3.2 纹理

量化区域的纹理内容同样是一种重要的描述区域的方法。纹理没有准确的定义，一般认为纹理是由紧密地交织在一起的单元组成的某种结构。图 9.9 给出几种典型的纹理，可以发现局部区域内呈现不规则性，但在整体上表现出某种规律性。因此，纹理可以理解为是由一个具有一定不变性的视觉基元（统称纹理基元）在给定区域内的不同位置上以不同的形变及不同的方向重复出现的一种图纹。本小节主要介绍三种用于描述区域纹理的方法：自相关函数描述、灰度直方图描述以及灰度共生矩阵。

（a）均匀的纹理

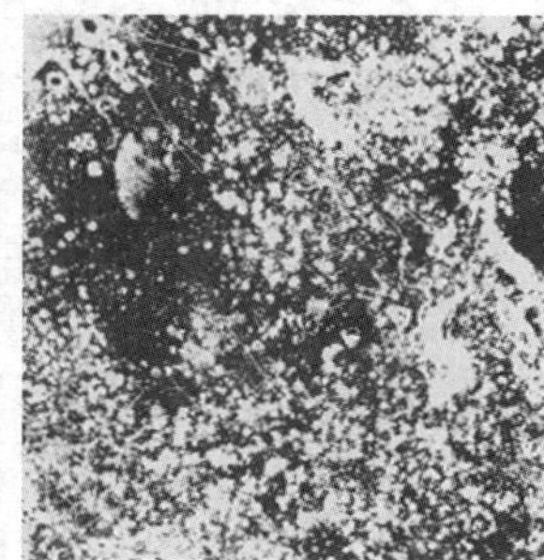

（b）粗糙的纹理

（c）规则的纹理

图 9.9 几种典型的纹理

1. 自相关函数描述

区域纹理所表现出的纹理基元的周期重复可由自相关函数描述。具体地，对于图像中某区域 $f(u,v)$，在偏移 (x,y) 下的自相关函数为

$$c(x,y)=\frac{\sum\limits_u\sum\limits_v f(u,v)f(u+x,v+y)}{\sum\limits_u\sum\limits_v[f(u,v)]^2} \tag{9.13}$$

其中，偏移后区域 $f(u+x,v+y)$ 超出原区域 $f(u,v)$ 的部分为 0 值。可见，当偏移后区域 $f(u+x,v+y)$ 与原区域 $f(u,v)$ 完全一致时，即偏移量正好为纹理基元重复周期时，自相关函数取 1 值。另外，自相关函数也可理解为当前区域纹理对偏移 (x,y) 的响应，而响应程度可作为对当前区域的一种描述。

2. 灰度直方图描述

从统计分析角度出发，描述区域的最简单直接的方法之一是使用该区域灰度直方图的统计矩。对于某纹理区域，所包含像素的灰度值可视为一个随机变量 z，该区域的灰度直方图为 $p(z_i)$，其中 $i=0,1,2,\cdots,L-1$，L 对应区域所属图像的灰度级的数量，并且直方图面积经过归一化处理。那么，关于灰度随机变量 z 的 n 阶矩定义为

$$\mu_n(z)=\sum_{i=0}^{L-1}(z_i-m)^n p(z_i) \tag{9.14}$$

其中，m 为 z 均值，即

$$m=\sum_{i=0}^{L-1}z_i p(z_i) \tag{9.15}$$

在 n 阶矩中，二阶矩 $\mu_2(z)$ 即为方差，可直接用于描述纹理的灰度变化，同时可用于构建相对平滑度的描述子以度量区域灰度对比度；三阶矩可用于度量灰度直方图的偏斜度；四阶矩可用于度量灰度直方图的相对平坦度。

除此之外，基于灰度直方图还可构建用于度量区域一致性的描述子：

$$U(z)=\sum_{i=0}^{L-1}p^2(z_i) \tag{9.16}$$

由于 p 的值域范围为 $[0,1]$，且直方图面积经过归一化处理，所以一致性描述子在所有 $p(z_i)$ 相等时有最大值。

3. 灰度共生矩阵

上述单纯基于灰度直方图的区域描述子不包含像素间的空间位置关系，但在描述区域纹理时，除了像素灰度分布信息，还要考虑区域中像素的相对位置信息。为此，可构建灰度共生矩阵记录区域纹理的像素空间位置关系。

对于一个灰度级数量为 L 的图像区域，在给定方向 θ 和距离 d 基础上，灰度共生矩阵 $\boldsymbol{G}$ 中 (i,j) 位置的取值为：在方向为 θ 的直线上，距离为 d 的两个灰度分别为 i 与 j 的像素点对出现的频数。可见不同的方向 θ 和距离 d 会生成不同的灰度共生矩阵。由于数字图像的矩阵格式，方向 θ 通常取 $0°$、$45°$、$90°$、$135°$，而距离 d 通常取较小值（一般为

1）。以一个 $L = 8$ 的图像区域 f 为例，如图 9.10（a）所示，其 0° 方向、1 距离的灰度共生矩阵如图 9.10（b）所示。

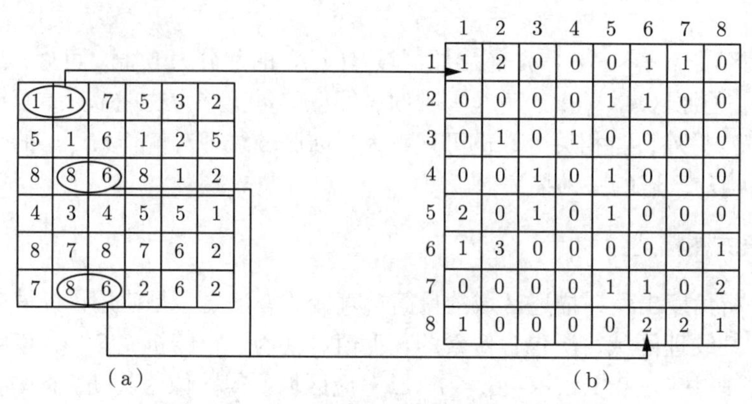

图 9.10　构建灰度共生矩阵

可见图像的灰度级数量决定了共生矩阵 $\boldsymbol{G}$ 的大小，一幅 8bit 图像灰度级数量为 256，则其灰度共生矩阵大小将为 256×256。在批量处理图像区域时，矩阵维数过高不易处理，因此经常将图像灰度级数量进一步量化，压缩为 16 或者更少。

在构建灰度共生矩阵基础上，再次进行统计分析，将统计量作为该区域纹理的描述。常用统计量包括一致性、对比度、熵、均匀度、相关等。具体地，对于一个灰度共生矩阵 $\boldsymbol{G}$，将各个位置存储的频数 g_{ij} 归一化为概率 p_{ij}，即

$$p_{ij} = \frac{g_{ij}}{\sum\limits_{i}\sum\limits_{j} g_{ij}} \tag{9.17}$$

那么各统计量为

（1）一致性：

$$N_1 = \sum_{i}\sum_{j} p_{ij}^2 \tag{9.18}$$

对于恒定区域，一致性为 1。对于粗糙纹理，一致性较大。

（2）对比度：

$$N_2 = \sum_{i}\sum_{j} (i - j)^2 p_{ij} \tag{9.19}$$

度量像素点在整个区域内与其他像素点的灰度对比，对于恒定区域，对比度为 0。

（3）熵：

$$N_3 = -\sum_{i}\sum_{j} p_{ij} \log p_{ij} \tag{9.20}$$

度量 $\boldsymbol{G}$ 中元素的随机性，对于平滑纹理区域熵值较大。

（4）均匀度：

$$N_4 = \sum_{i}\sum_{j} \frac{p_{ij}}{1 + |i - j|} \tag{9.21}$$

反映 $\boldsymbol{G}$ 中元素对角线分布的紧密度，当 $\boldsymbol{G}$ 为对角阵时均匀度取最大。

（5）相关：

$$N_5 = \sum_i \sum_j \frac{(i - m_r)(j - m_c)p_{ij}}{\sigma_r \sigma_c} \tag{9.22}$$

其中，$m_r = \sum\limits_i i \sum\limits_j p_{ij}$，$m_c = \sum\limits_j j \sum\limits_i p_{ij}$，分别为每行与每列 p_{ij} 的均值；σ_r 与 σ_c 为对应每行与每列的标准差，且 $\sigma_r \neq 0$、$\sigma_c \neq 0$。

9.3.3　不变矩

9.2 节、9.3 节已介绍了一些涉及统计矩的描述方法，如边界描述中的边界统计矩以及区域描述中基于灰度直方图的统计矩。本小节将介绍直接对区域计算矩特征并采用不变矩描述区域的方法。

对于数字图像 $f(x,y)$，其二维 $(p+q)$ 阶矩定义为

$$m_{pq} = \sum_x \sum_y x^p y^q f(x,y) \tag{9.23}$$

其中，$p = 0,1,2,\cdots,q = 0,1,2,\cdots$，且均为整数。由此，零阶矩 $m_{00} = \sum\limits_x \sum\limits_y f(x,y)$，将各像素灰度值视为密度，则零阶矩可视为区域总质量。

中心矩定义为

$$\mu_{pq} = \sum_x \sum_y (x - \bar{x})^p (y - \bar{y})^q f(x,y) \tag{9.24}$$

其中，$p = 0,1,2,\cdots,q = 0,1,2,\cdots$，且均为整数，并有

$$\bar{x} = \frac{m_{10}}{m_{00}} \qquad \bar{y} = \frac{m_{01}}{m_{00}} \tag{9.25}$$

在零阶矩 $\boldsymbol{m}_{00}$ 视为区域总质量的基础上，$(\bar{x},\bar{y})$ 即为区域灰度重心位置坐标。

将中心矩归一化后可得

$$\eta_{pq} = \frac{\mu_{pq}}{\mu_{00}^{\gamma}} \tag{9.26}$$

其中，$\gamma = (p+q)/2 + 1$，$p + q = 2,3,\cdots$。

基于二阶和三阶归一化中心矩可推出如下 7 个不变矩组：

$$\phi_1 = \eta_{20} + \eta_{02} \tag{9.27}$$

$$\phi_2 = (\eta_{20} - \eta_{02})^2 + 4\eta_{11}^2 \tag{9.28}$$

$$\phi_3 = (\eta_{30} - 3\eta_{12})^2 + (3\eta_{21} - \eta_{03})^2 \tag{9.29}$$

$$\phi_4 = (\eta_{30} + \eta_{12})^2 + (\eta_{21} + \eta_{03})^2 \tag{9.30}$$

$$\begin{aligned}\phi_5 = {} & (\eta_{30} - 3\eta_{12})(\eta_{30} + \eta_{12})[(\eta_{30} + \eta_{12})^2 - 3(\eta_{21} + \eta_{03})^2] + \\ & (3\eta_{21} - \eta_{03})(\eta_{21} + \eta_{03})[3(\eta_{30} + \eta_{12})^2 - (\eta_{21} + \eta_{03})^2]\end{aligned} \tag{9.31}$$

$$\phi_6 = (\eta_{20} - \eta_{02})[(\eta_{30} + \eta_{12})^2 - (\eta_{12} + \eta_{03})^2] + 4\eta_{11}(\eta_{30} + \eta_{12})(\eta_{21} + \eta_{03}) \tag{9.32}$$

$$\begin{aligned}\phi_7 = &(3\eta_{21} - \eta_{03})(\eta_{30} - \eta_{12})[(\eta_{30} + \eta_{12})^2 - 3(\eta_{21} + \eta_{03})^2] + \\ &(3\eta_{21} - \eta_{03})(\eta_{21} + \eta_{03})[3(\eta_{30} + \eta_{12})^2 - (\eta_{21} + \eta_{03})^2]\end{aligned} \tag{9.33}$$

这 7 个不变矩组对于平移、旋转和尺寸变化具有不变性，在 1962 年由 Hu 提出，被称为 Hu 不变矩。图 9.11 所示为对图像做平移、缩放、旋转 45° 以及旋转 90° 的变换，考查其对应不变矩组。其中为图像添加黑色（0 值）边框以使得所有图像尺寸相同。计算结果如表 9.2 所示，为了减小数值范围，所有取值经过对数与绝对值处理，即 $|\log\phi|$。

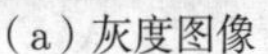
（a）灰度图像

（b）平移变换

（c）缩放变换

（d）旋转45°

（e）旋转90°

图 9.11　灰度图像及其变换后图像

表 9.2　各图像的不变矩

不变矩	灰度图像	平移	缩放	旋转 45°	旋转 90°
ϕ_1	0.9371	0.9371	0.9371	0.9489	0.9371
ϕ_2	6.4765	6.4765	6.4762	6.4992	6.4765
ϕ_3	6.5082	6.5082	6.5085	6.5431	6.5082
ϕ_4	6.5183	6.5183	6.5181	6.5540	6.5183
ϕ_5	13.1548	13.1548	13.1548	13.2261	13.1548
ϕ_6	9.7566	9.7566	9.7563	9.8037	9.7566
ϕ_7	13.7919	13.7919	13.7915	13.8621	13.7919

第10章

图像模式分类

CHAPTER 10

10.1 模板匹配分类

模板匹配是一种最原始、最基本的模式识别方法，研究某一特定物体位于图像的什么地方，进而识别该物体，这就是一个匹配问题。例如，在图 10.1（a）中找图 10.1（b）三角形图案的存在或不存在。当物体的图案以图像的形式表示时，根据其与图像各部分的相似性来确定图案的存在，并找到物体在图像中的位置，这种操作称为模板匹配。它是图像处理中最基本、最常用的匹配方法。模板匹配的主要用途有：① 在几何变换中检测图像和地图之间的对应点；② 不同光谱或不同摄影时间获得的图像之间的位置对齐 (图像对齐)；③ 在立体图像分析中提取左右图像之间的对应关系；④ 跟踪移动物体；⑤ 检测图像中的物体位置等。

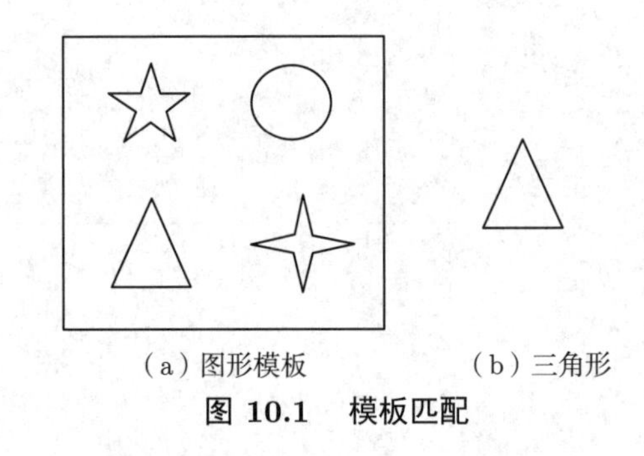

（a）图形模板　　（b）三角形

图 10.1　模板匹配

10.1.1 最小距离分类

最小距离分类又称最近邻分类，是一种非常简单的分类思想。这种基于匹配的分类技术通过以一种原型模式向量代表每个类别，识别时一个未知模式被赋予一个按照预先定义的相似性度量与其距离最近的类别，常用的距离度量有欧氏距离、马氏距离等。下面我们以欧氏距离为例讲解最小距离分类器。一种简单的做法是把每个类所有样本的平均向量作为代表该类的原型，则第 i 类样本的代表向量为

$$\boldsymbol{m}_i = \frac{1}{N_i}\sum_{x\in w_i} x_i, \qquad i = 1, 2, \cdots, W \tag{10.1}$$

其中，N_i 是第 i 类样本的数量；w_i 是第 i 类样本的集合；总类别数为 W。

当需要对一个未知模式 x 进行分类时，只需分别计算 x 与各个 $\boldsymbol{m}_i(i = 1, 2, \cdots, W)$ 的距离，然后将它分配给距离最近的代表向量所代表的类别。x 与各个 $\boldsymbol{m}_i(i = 1, 2, \cdots, W)$ 的欧几里得距离，可表示为如下公式：

$$D_i(x) = ||x - \boldsymbol{m}_i||, \qquad i = 1, 2, \cdots, W \tag{10.2}$$

其中，$||\boldsymbol{a}|| = (\boldsymbol{a}^{\mathrm{T}}\boldsymbol{a})^{1/2}$ 是欧几里得范数。若 $D_i(x)$ 是最小距离，则把 x 赋给类 w_i。也就是说，最小距离意味着该式表示最好的匹配。

10.1.2　模板遍历运算

大小为 $m \times n$ 像素的模板 $w(x,y)$ 与图像 $f(x,y)$ 的相关可表示为

$$c(x,y)=\sum_{s}\sum_{t}w(s,t)f(x+s,y+t) \tag{10.3}$$

其中，求和的上下限取 w 和 f 的共同范围。对变量 x 和 y 所有偏移值计算该式，以便 w 的所有元素访问 f 的每个像素，这里假设 f 大于 w。就像空间卷积通过卷积定理与函数的傅里叶变换相联系那样，空间相关通过相关定理与函数的变换相联系：

$$f(x,y)*w(x,y)\Leftrightarrow F^{*}(\mu,\nu)W(\mu,\nu) \tag{10.4}$$

其中，$\Leftrightarrow$ 表示空间相关，F^{*} 是 F 的复共轭。因为它们对 f 和 w 的尺度变化很敏感。作为替代，我们使用如下的归一化相关系数：

$$Y(x,y)=\frac{\sum\limits_{s}\sum\limits_{t}[w(s,t)-\overline{w}][f(x+s,y+t)-\overline{f}_{xy}]}{\left\{\sum\limits_{s}\sum\limits_{t}[w(s,t)-\overline{w}]^{2}[f(x+s,y+t)-\overline{f}_{xy}]^{2}\right\}^{\frac{1}{2}}} \tag{10.5}$$

其中，$\overline{w}$ 是模板的平均值 (只计算一次)，$\overline{f}_{xy}$ 是 f 与 w 重合区域的平均值。通常，我们将 w 称为模板，而将相关模板称为模板匹配。当归一化的 w 和 f 中对应的归一化区域相同时，$Y(x,y)$ 出现最大值。这说明了最大相关 (即最好可能的匹配)。当两个归一化函数在式 (10.5) 的意义下表现出最小相似性时，会出现最小值。相关系数不能用傅里叶变换来计算，因为该式中存在非线性 (除法和平方)。

图 10.2 说明了刚才讨论的机理，当 w 的中心位于 f 的边界上时，围绕 f 的边界需要进行填充 (在模板匹配中，当模板的中心越过图像的边界时，相关的值通常并不重要，因此填充被限制为模板宽度的一半)。为表示方便，我们通常只关心奇数大小的模板。

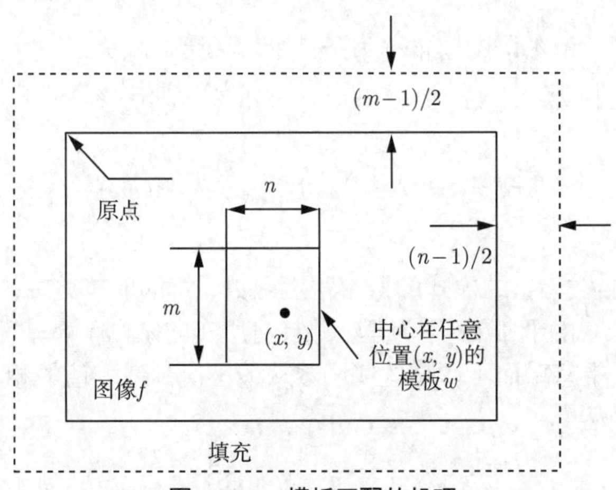

图 10.2　模板匹配的机理

图 10.3（a）显示了一幅大小为 512×384 像素的汽车牌照图像，其中车牌字符清晰可见。作为相关的一个例子，我们希望找到图 10.3（b）中的模板在图（a）中匹配最好的位置，模板是该车牌归属省份的简称，也是图（a）的子图像 (31×51 像素)。由图 10.3（c）可见，车牌省份位置被准确定位，模板匹配成功。

（a）汽车牌照　（b）模板　（c）运行结果

图 10.3　汽车牌照匹配

10.2　贝叶斯分类

10.2.1　贝叶斯分类基本原理

本小节，我们将讨论识别的概率方法，正如对物理事件的度量和解释一样，在模式识别中对概率的考虑也是非常重要的。通常，模式类别的产生是随机的，需要推导出一种最佳的分类方法，用这种方法产生的错误分类概率最低。

我们将类别 w_i 的特定模式 $\boldsymbol{x}$ 的概率表示为 $p(w_i|\boldsymbol{x})$。如果模式分类器判断 $\boldsymbol{x}$ 来自类 w_i，而实际上它来自类 w_j，那么分类器就会导致一次损失，表示为 L_{ij}。由于模式 $\boldsymbol{x}$ 可能属于所考虑的 W 个类中的任何一个类，故将模式 $\boldsymbol{x}$ 赋予类 w_j 的平均损失为

$$r_j(\boldsymbol{x}) = \sum_{k=1}^{W} L_{kj} p(w_k|\boldsymbol{x}) \tag{10.6}$$

式 (10.6) 在决策理论术语中通常称为条件平均风险或损失。

由条件概率论可知，$p(A|B) = [p(A)p(B|A)]/p(B)$。使用该式，我们可将式 (10.6) 写为

$$r_j(x) = \frac{1}{p(\boldsymbol{x})} \sum_{k=1}^{W} L_{kj} p(\boldsymbol{x}|w_k) p(w_k) \tag{10.7}$$

其中，$p(\boldsymbol{x}|w_k)$ 是来自类 w_k 的模式的概率密度函数，$p(w_k)$ 是类 w_k 出现的概率 (有时这些概率称为先验概率)。由于 $1/p(\boldsymbol{x})$ 为正，并且对所有的 $r_j(\boldsymbol{x}), j = 1, 2, \cdots, W$ 都是如此，故可将它从式 (10.7) 中忽略而不影响这些函数从最小值到最大值的相对顺序。因此，平均损失的表达式就简化为

$$r_j(\boldsymbol{x}) = \sum_{k=1}^{W} L_{kj} p(\boldsymbol{x}|w_k) p(w_k) \tag{10.8}$$

分类器有 W 个可能的类，任何给定的未知模式可从这些类中选择。如果分类器为每个模式 $\boldsymbol{x}$ 计算 $r_j(\boldsymbol{x})$，$j=1,2,\cdots,W$，并将该模式以最低损失赋给相应的类，则关于所有决策的总体平均损失将是最低的。这种将总体平均损失降至最低的分类器称为贝叶斯分类器。因此，如果 $r_i(\boldsymbol{x})<r_j(\boldsymbol{x}),j=1,2,\cdots,W$ 且 $j\neq i$，那么贝叶斯分类器将未知模式 $\boldsymbol{x}$ 赋给类 w_i。换句话说，如果对所有的 j 且 $j\neq i$ 有

$$r_j(\boldsymbol{x})=\sum_{k=1}^{W}L_{kj}p(\boldsymbol{x}|w_k)p(w_k)<\sum_{q=1}^{W}L_{qj}p(\boldsymbol{x}|w_q)p(w_q) \tag{10.9}$$

那么 $\boldsymbol{x}$ 将赋给类 w_i。通常，正确决策的损失通常被赋予零值，而不正确决策的损失通常被赋予相同的非零值 (譬如值 1)。在这些条件下，损失函数变为

$$L_{ij}=1-\delta_{ij} \tag{10.10}$$

式 (10.10) 中，$i=j$ 时 $\delta_{ij}=1$，$i\neq j$ 时 $\delta_{ij}=0$。式 (10.10) 表明，不正确决策的损失是 1，正确决策的损失是 0。将式 (10.10) 代入式 (10.8) 得

$$r_j(\boldsymbol{x})=\sum_{k=1}^{W}(1-\delta_{ij})p(\boldsymbol{x}|w_k)p(w_k)=p(\boldsymbol{x})-p(\boldsymbol{x}|w_j)p(w_j) \tag{10.11}$$

如果对所有的 $i\neq j$ 有

$$p(\boldsymbol{x})-p(\boldsymbol{x}|w_i)p(w_i)<p(\boldsymbol{x})-p(\boldsymbol{x}|w_j)p(w_j) \qquad j=1,2,\cdots,W \quad i\neq j \tag{10.12}$$

那么贝叶斯分类器将模式 $\boldsymbol{x}$ 赋给类 w_i。我们知道 0–1 损失函数的贝叶斯分类器不过是如下形式的决策函数：

$$d_j(\boldsymbol{x})=p(\boldsymbol{x}|w_j)p(w_j) \quad j=1,2,\cdots,W \tag{10.13}$$

式 (10.13) 中给出的决策函数在最小化错误分类中的平均损失方面是最佳的。然而，要保持这一最佳性，就必须知道每个类中的模式的概率密度函数及每个类出现的概率。例如，如果所有的类等概率出现，那么 $p(w_j)=1/W$。即使该条件不正确，由该问题的知识我们通常也可以推出这些概率。如果模式向量 $\boldsymbol{x}$ 是 n 维的，那么 $p(\boldsymbol{x}|w_j)$ 是一个 n 元函数，如果该函数的形式未知，就需要使用多元概率论方法来对它进行估计。这些方法在实际应用中很困难，尤其是代表每一类的模式数目不大或概率密度函数潜在的形式不能很好地表示时更是如此。由于这些原因，使用贝叶斯分类器时，通常假设对各种密度函数有一个解析表达式，且来自每个类的样本模式有一个必需的参数估计。目前，$p(x/w_j)$ 的最为通用的假设形式是高斯概率密度函数。这种假设与真实情况越接近，贝叶斯分类器方法在分类中就越能接近最小平均损失。

10.2.2　基于朴素贝叶斯的目标分类

朴素贝叶斯算法是在贝叶斯公式的基础之上演化而来的分类算法，在机器学习中有着广泛的应用。朴素贝叶斯算法是条件化的贝叶斯算法，即假设特征条件相互独立的贝叶斯

算法。之所以称为“朴素贝叶斯”，是因为如果对每种标签的生成模型进行非常简单的假设，就能找到每种类型生成模型的近似解，然后就可以使用贝叶斯分类。

设一个离散随机变量的有限集 $X=\{X_1,X_2,\cdots,X_n,C\}$，其中 $X_1,X_2,\cdots,X_n$ 是属性变量，C 是类变量，其取值范围为 $\{c_1,c_2,\cdots,c_n\}$，x_i 是属性 X_i 的取值，实例 $I_i=\{x_1,x_2,\cdots,x_n\}$ 于类 c_j 的概率，由贝叶斯定理可得

$$P(c_j|x_1,x_2,\cdots,x_n)=\frac{P(x_1,x_2,\cdots,x_n|c_j)}{P(x_1,x_2,\cdots,x_n)}=aP(c_j)P(x_1,x_2,\cdots,x_n|c_j) \tag{10.14}$$

其中，$P(c_j)$ 是类 c_j 的先验概率，$P(c_j|x_1,x_2,\cdots,x_n)$ 是类 c_j 的后验概率，a 为系数，根据贝叶斯最大后验准则，后验概率反映了样本数据对类 c_j 的影响，因此本分类器的核心就是计算 $P(x_i|x_1,x_2,\cdots,x_{i-1},c_j)$。

朴素贝叶斯分类器是假设各属性间相互独立，公式可以简化为

$$P(c_j|x_1,x_2,\cdots,x_n)=aP(c_j)\prod_{i-1}^{n}P(x_i|c_j) \tag{10.15}$$

朴素贝叶斯分类器模型的确定过程，即为参数学习的过程，实质上是学习类别变量的非条件概率和属性变量的类条件概率：

$$\Theta_{ck}=P(C=c_k);\Theta_{x_i|c_k}=P(X_i=x_i|C=c_k) \tag{10.16}$$

类别变量的非条件概率和属性变量的类条件概率的计算方法很多，本文采用 MN 模型, MN 模型对 Θ_{ck} 和 $\Theta_{x_i|c_k}$ 的估算公式如下：

$$\hat{\Theta}_{ck}=P(c_k)=\frac{\sum\limits_{j=1}^{N}\mathrm{BP}(c_k|I_j)}{N},\mathrm{BP}(c_k|I_j)=\begin{cases}1, & I_j\in c_k\\0, & 其他\end{cases} \tag{10.17}$$

$$\hat{\Theta}_{x_i|ck}=P(x_i|c_k)=\frac{1+\sum\limits_{j=1}^{N}N_{ji}\mathrm{BP}(c_k|I_j)}{|X|+\sum\limits_{j=1}^{N}\sum\limits_{i=1}^{|X|}N_{ji}\mathrm{BP}(c_k|I_j)} \tag{10.18}$$

其中，N_{ji} 表示标签 x_i 在样本集中属于类别 c_k 的数目，$|X|$ 为属性的个数。

使用朴素贝叶斯分类器进行分类的过程就是计算给定样本属于各类的后验概率，最大概率所对应的类别为判断结果，根据贝叶斯法则可以计算出各样本属于各类的后验概率为

$$P(c_k|I_j)=\frac{P(I_j|c_k)}{P(I_j)} \tag{10.19}$$

$$P(I_j)=\sum_{k=1}^{|C|}P(c_k)P(I_j|c_k) \tag{10.20}$$

$$P(I_j|c_k) = \sum_{i=1}^{|X|} P(x_i|c_k)^{\frac{1}{N_{ji}}} \tag{10.21}$$

其中，$|C|$ 为类别的个数，根据上述公式就可得各样本属于各类的后验概率的估值为

$$P(c_k|I_j) = \frac{\hat{\Theta}_{ck} \prod_{i=1}^{|X|} (\hat{\Theta}_{x_i|ck})^{\frac{1}{N_{ji}}}}{\sum_{k=1}^{|C|} \hat{\Theta}_{ck} \prod_{i=1}^{|X|} (\hat{\Theta}_{x_i|ck})^{\frac{1}{N_{ji}}}} \tag{10.22}$$

综上所述，训练朴素贝叶斯分类器的步骤如下：

步骤 1，确定分类器的属性个数值 $|X|$，类别个数 $|C|$；

步骤 2，输入训练样本数 N，每个样本 $I_i = (x_1, x_2)$；

步骤 3，根据上述公式估算类别变量的非条件概率 $\boldsymbol{\Theta}_{ck}$ 和属性变量的类条件概率 $\boldsymbol{\Theta}_{x_i|c_k}$ 的值，训练结束。

测试朴素贝叶斯分类器的步骤如下：

步骤 1，确定测试样本个数 M, n=1,4;

步骤 2，分别计算样本 I_n 属于各类的后验概率的估值 $P(c_1|I_n)$，$P(c_2|I_n)$，$P(c_2|I_n)$；

步骤 3，比较 $P(c_1|I_n)$，$P(c_2|I_n)$，$P(c_2|I_n)$ 的大小，输出最大值 $P(c_k|I_n)$ 对应的类别 k；

步骤 4，n=n+1，若 n=M，测试结束，否转步骤 1。

10.3　神经网络与深度学习

人工神经网络（ANN，Artificial Neural Network），也被称为神经网络（NN，Neural Network），是对人脑或自然神经网的几个基本属性的抽象和模拟。它为从样本中学习具有真实、离散或矢量值的函数提供了一个稳健的解决方案，并在许多实际问题中取得了惊人的成功，如自动驾驶车辆、光学字符识别和人脸识别。

人工神经网络的研究在很大程度上受到生物大脑仿生学的启发，它由一系列简单的人工神经元密集连接而成，每个神经元也由三部分组成：输入、人工神经细胞体和输出。每个神经元都有一定数量的实值输入并产生一个实值输出。

人工神经元的输入信号来自其他一些神经元的输出，其输出也可以作为其他一些神经元的输入。正如大脑可以通过不断调节神经元之间的连接而达到不断学习进步的目的。ANN 也可以通过不断调整输入连接上的权值以使得网络更加适应训练集合。

在 ANN 的训练过程中，训练样本的特征向量是 ANN 的输入，而训练样本的目标输出（在分类问题中，输出是样本的类别信息）是网络的输出。最初，网络权重被初始化为随机状态，当训练样本输入网络时，所产生的网络输出与训练样本的目标输出之间的差异被称为训练误差；然后，ANN 会根据某种机制调整权重 w，使训练误差逐渐减小；随着这个训练和调整过程的进行，网络对训练样本的实际输出会越来越接近目标输出。训练样本的网络实际输出将越来越接近于目标输出。

10.3.1 感知机模型

1957 年，Frank Rosenblatt 最先提出感知机（Perceptron）的概念。感知机是深度学习算法的起源，其模型如图 10.4 所示。其中，$\boldsymbol{x}_1,\boldsymbol{x}_2,\cdots,\boldsymbol{x}_n$ 是输入向量，$w_1,w_2,\cdots,w_n$ 是权重，输出为 $f(\boldsymbol{x}_1,\boldsymbol{x}_2,\cdots,\boldsymbol{x}_n)$，它们之间的关系可表示为

$$f(\boldsymbol{x}_1,\boldsymbol{x}_2,\cdots,\boldsymbol{x}_n)=\begin{cases}0, & \sum\limits_i w_i\boldsymbol{x}_i \leqslant \text{阈值}\\ 1, & \text{其他}\end{cases} \tag{10.23}$$

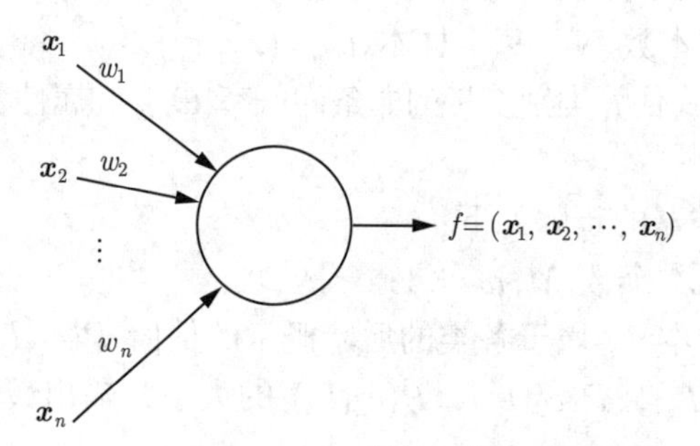

图 10.4 感知机模型

通过输入和权重的线性运算，将计算结果与阈值进行对比判断，大于阈值则输出 1，小于阈值则输出 0。假定 b 为负阈值，此时的 b 被称为偏置，则式 (10.23) 可改写为

$$f(\boldsymbol{x}_1,\boldsymbol{x}_2,\cdots,\boldsymbol{x}_n)=\begin{cases}0, & \sum\limits_i w_ix_i+b \leqslant 0\\ 1, & \text{其他}\end{cases} \tag{10.24}$$

根据变换后的式 (10.24)，感知器相当于一个线性分类器。感知机通过调整权重和阈值可实现逻辑“与”与逻辑“或”的运算。如图 10.5 所示，图（a）为逻辑“与”感知机，图（b）为逻辑“或”感知机。

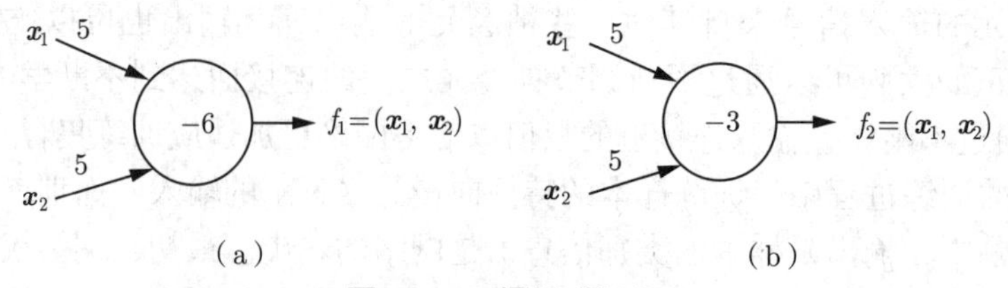

图 10.5 逻辑感知机

图 10.5（a）感知机的权重为 5 和 5，阈值为−6，图 10.5（b）感知机的权重也是 5 和 5，阈值为−3，由式 (10.24) 可以进行逻辑计算，计算结果如表 10.1 所示。

表 10.1　两个逻辑感知机的计算结果

x_1	x_2	$f_1(x_1, x_2)$	$f_2(x_1, x_2)$
1	1	1	1
1	0	0	1
0	1	0	1
0	0	0	0

从表 10.1 中可以看出，图 10.5 第一个的感知机实现了逻辑“与”的运算，第二个的感知机实现了逻辑“或”的运算。因此，通过感知器的相互组合，可对各种分布类型的样本实现分类。

10.3.2　深度神经网络

神经网络通常包括输入层、隐藏层以及输出层，如图 10.6 所示。当神经网络包含多个隐藏层时，就构成了深度神经网络。

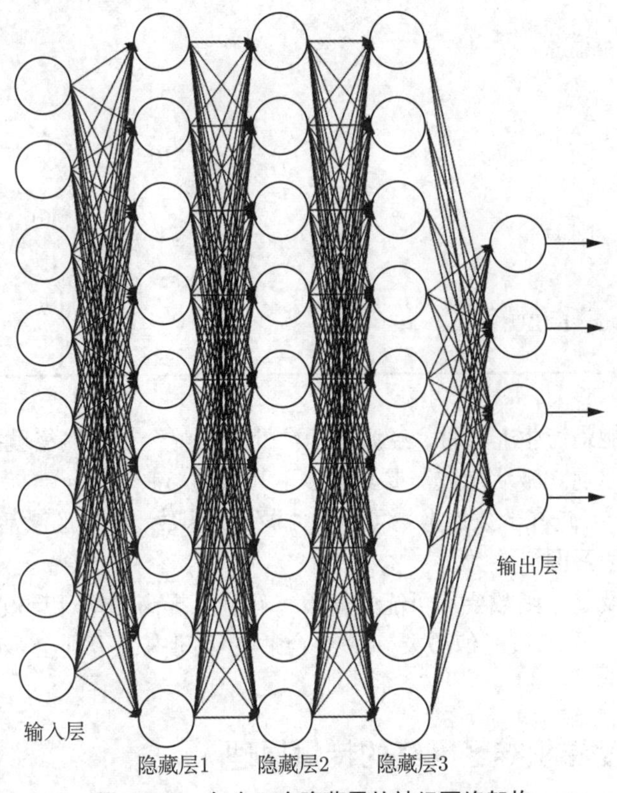

图 10.6　包含三个隐藏层的神经网络架构

在深度神经网络中，每一层的神经元可以接收来自上一层神经元的信号，并产生信号输出到下一层。神经元的输入信号流是单向的，可表示为 $x_1, x_1, \cdots, x_n$，每个输入信号都被赋予相应的权重，即 $w_1, w_1, \cdots, w_n$。神经元的输入经加权线性相加后，经过激活函数处理后即产生神经元的输出，如图 10.7 所示。

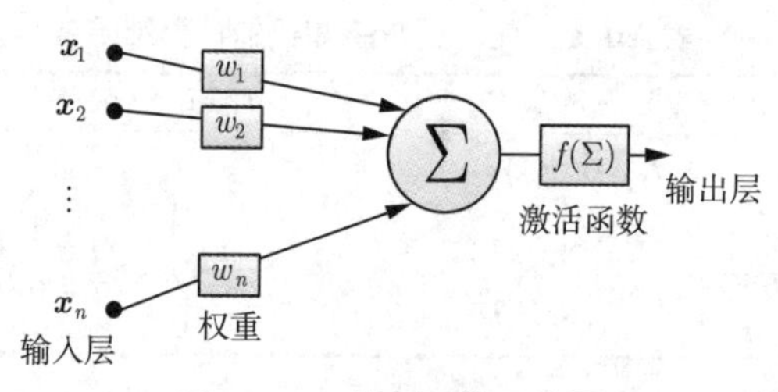

图 10.7 激活函数示意图

应用比较广泛的激活函数有 Sigmoid 函数、Softmax 函数、Tanh 函数、ReLU(Rectified Linear Unit) 函数、Leaky ReLU(Leaky Rectified Linear Unit) 函数等。各激活函数的公式如表 10.2 所示。

表 10.2 常用激活函数

激活函数	公式
Sigmoid	$f(x)=\dfrac{1}{1+\mathrm{e}^{-x}}$
Softmax	$f_i(x)=\dfrac{\mathrm{e}^{x_i}}{\sum\limits_{k=1}^{K}\mathrm{e}^{x_i}}$
Tanh	$f(x)=\dfrac{\mathrm{e}^{x}-\mathrm{e}^{-x}}{\mathrm{e}^{x}-\mathrm{e}^{-x}}$
ReLU	$f(x)=\begin{cases}0, & x<0\\ x, & x\geqslant 0\end{cases}$
Leaky ReLU	$f(x)=\begin{cases}ax, & x<0\\ x, & x\geqslant 0\end{cases}$

激活函数的功能是产生非线性，经激活函数处理后整个神经网络就拥有了非线性关系，就可以解决非线性问题。激活函数需要具备以下几点性质：

（1）连续并可导 (允许少数点上不可导) 的非线性函数，可导的激活函数可以直接利用数值优化的方法来学习网络参数；

（2）激活函数及其导函数要尽可能的简单，有利于提高网络计算效率；

（3）激活函数的导函数的值域要在一个合适的区间内，否则会影响训练的效率和稳定性。

10.3.3 深度卷积神经网络的传播原理

（1）前向传播。

为了介绍深度神经网络的工作原理，将图 10.6 中输入层与隐藏层 1 剥离出，同时在输入层增加一个初始数据为 +1 的输入，以此引入偏置项，如图 10.8 所示。

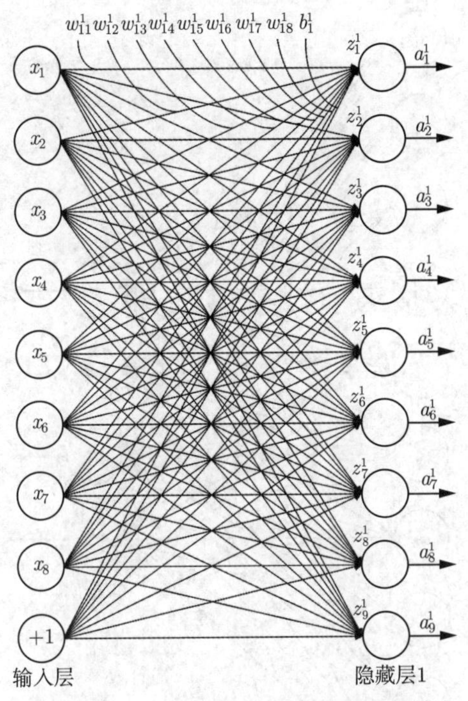

图 10.8 输入层与隐藏层的数据映射

如图 10.8 所示，输入层通过两两连接的全连接方法与隐藏层 1 连接起来，设输入的数据为

$$\{x_1, x_2, x_3, x_4, x_5, x_6, x_7, x_8\} \tag{10.25}$$

输入层中所有神经元与隐藏层的首个神经元之间的权重为

$$\left\{w_{11}^1, w_{12}^1, w_{13}^1, w_{14}^1, w_{15}^1, w_{16}^1, w_{17}^1, w_{18}^1\right\} \tag{10.26}$$

通过如下公式：

$$z_i^1 = \sum_j x_i w_{ij}^1 + b_i^1 \tag{10.27}$$

可以得到隐藏层 1 中所有神经元的输入为

$$\left\{z_1^1, z_2^1, z_3^1, z_4^1, z_5^1, z_6^1, z_7^1, z_8^1\right\} \tag{10.28}$$

经激活函数处理后，隐藏层 1 各个神经元的激活输出为

$$\left\{a_1^1, a_2^1, a_3^1, a_4^1, a_5^1, a_6^1, a_7^1, a_8^1\right\} \tag{10.29}$$

将激活输出数据作为输入层，同样，增加一个输入，初始值为 +1，按照同样方法可计算隐藏层 2、隐藏层 3 中神经元的输出数据，同样通过全连接方法将隐藏层 3 与输出层连接起来，其计算方法如图 10.9 所示。

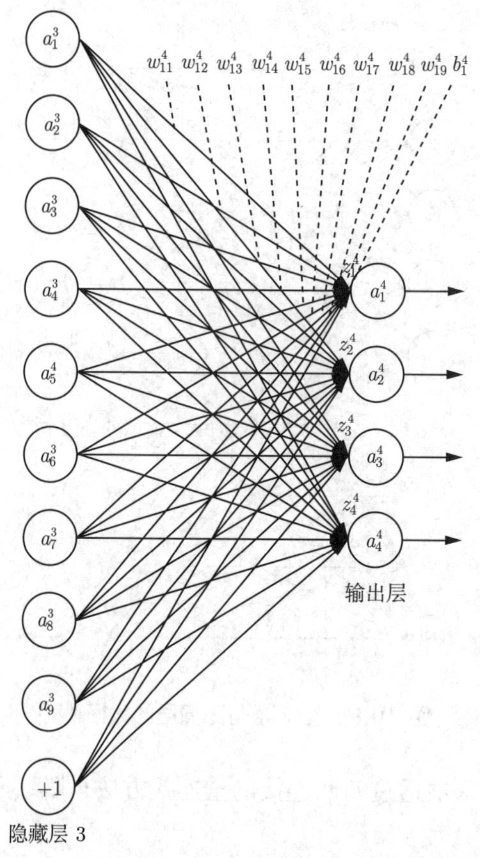

图 10.9　隐藏层 3 通过全连接连接到输出层

根据图 10.9 所知，输出层四个神经元的四个输出值即为当前样本 $\{x_1, x_2, x_3, x_4, x_5, x_6, x_7, x_8\}$ 由深度神经网络操作后，在四种类别上的响应，然后再经进一步处理，输出样本在四个类别上的得分。

（2）损失函数。

损失函数 (Loss Function) 是用来度量网络模型的预测值 $f(x)$ 与真实值 Y 的不一致程度，它是一个非负实值函数，通常使用 $L(Y, f(x))$ 来表示，损失函数越小，模型的鲁棒性就越好。常见的损失函数有 0-1 损失函数、绝对值损失函数、对数损失函数、指数损失函数、平方损失函数以及指数损失函数。

0-1 损失函数 (Zero-One Loss) 是指预测值和目标值不相等为 1，否则为 0，可由如下公式表示：

$$L(Y, f(x)) = \begin{cases} 0, & Y = f(x) \\ 1, & \text{其他} \end{cases} \tag{10.30}$$

绝对值损失函数是计算预测值与目标值的差的绝对值：

$$L(Y, f(x)) = |Y - f(x)| \tag{10.31}$$

对数损失函数的标准形式如下：

$$L(Y, P(Y|X)) = -\log P(Y|X)) \tag{10.32}$$

平方损失函数的标准形式如下：

$$L(Y, f(x)) = \sum_{N}(Y - f(x))^2 \tag{10.33}$$

指数损失函数的标准形式如下：

$$L(Y|f(x)) = \exp[-yf(x)] \tag{10.34}$$

（3）反向传播。

假设采用随机梯度下降进行神经网络参数学习，给定一个样本 (x, y)，将其输入神经网络模型中，得到网络输出为 $\hat{y}$。假设损失函数为 $L(y, \hat{y})$，要进行参数学习就需要计算损失函数关于每个参数的导数。

不失一般性，对神经网络第 l 层中的参数 $\boldsymbol{W}^{(l)}$ 和 $\boldsymbol{b}^{(l)}$ 计算偏导数，因为 $\dfrac{\partial L(y, \hat{y})}{\partial \boldsymbol{W}(l)}$ 的计算涉及向量对矩阵的微分，十分烦琐，因此我们先计算 $L(y, \hat{y})$ 关于参数矩阵中每个元素的偏导数 $\dfrac{\partial L(y, \hat{y})}{\partial \boldsymbol{W}_{ij}^{(l)}}$，根据链式法则：

$$\frac{\partial L(y, \hat{y})}{\partial \boldsymbol{W}_{ij}^{(l)}} = \frac{\partial \boldsymbol{z}^{(l)}}{\partial \boldsymbol{W}_{ij}^{(l)}} \frac{\partial L(y, \hat{y})}{\partial \boldsymbol{z}^{(l)}} \tag{10.35}$$

$$\frac{\partial L(y, \hat{y})}{\partial \boldsymbol{b}^{(l)}} = \frac{\partial \boldsymbol{z}^{(l)}}{\partial \boldsymbol{b}^{(l)}} \frac{\partial L(y, \hat{y})}{\partial \boldsymbol{z}^{(l)}} \tag{10.36}$$

式 (10.35)、式 (10.36) 中的第二项都是目标函数关于第 l 层的神经元 $\boldsymbol{Z}^{(l)}$ 的偏导数，称为误差项，可以一次计算得到。这样我们只需要计算三个偏导数，分别为 $\dfrac{\partial \boldsymbol{z}^{(l)}}{\partial \boldsymbol{W}_{ij}^{(l)}}$，$\dfrac{\partial \boldsymbol{z}^{(l)}}{\partial \boldsymbol{b}^{(l)}}$，$\dfrac{\partial L(y, \hat{y})}{\partial \boldsymbol{z}^{(l)}}$。

计算偏导数 $\dfrac{\partial \boldsymbol{z}^{(l)}}{\partial \boldsymbol{W}_{ij}^{(l)}}$，因 $\boldsymbol{z}^{(l)} = \boldsymbol{W}^{(l)}\boldsymbol{a}^{(l-1)} + \boldsymbol{b}^{(l)}$，因此偏导数

$$\begin{aligned}
\frac{\partial \boldsymbol{z}^{(l)}}{\partial W_{ij}^{(l)}} &= \left[\frac{\partial z_1^{(l)}}{\partial W_{ij}^{(l)}}, \cdots, \frac{\partial z_i^{(l)}}{\partial W_{ij}^{(l)}}, \cdots, \frac{\partial Z_{M_l}^{(l)}}{\partial W_{ij}^{(l)}}\right] \\
&= \left[0, \cdots, \frac{\partial (w_i^{(l)}\boldsymbol{a}^{(l-1)} + b_i^{(l)})}{\partial W_{ij}^{(l)}}\right] \\
&= [0, \cdots, a_j^{(l-1)}, \cdots, 0] \\
&= I_i(a_j^{(l-1)}) \in R^{1 \times M_l}
\end{aligned} \tag{10.37}$$

其中，$w_i^{(l)}$ 为权重矩阵 $\boldsymbol{W}^{(l)}$ 的第 i 行；$I_i a_j^{(l-1)}$ 表示第 i 个元素为 $a_j^{(l-1)}$；其余为 0 的行向量。

计算偏导数 $\dfrac{\partial \boldsymbol{z}^{(l)}}{\partial \boldsymbol{b}^{(l)}}$，因为 $\boldsymbol{z}^{(l)}$ 和 $\boldsymbol{b}^{(l)}$ 的函数关系为 $\boldsymbol{z}^{(l)} = \boldsymbol{W}^{(l)}\boldsymbol{a}^{(l-1)} + \boldsymbol{b}^{(l)}$，因此偏导数

$$\frac{\partial \boldsymbol{z}^{(l)}}{\partial \boldsymbol{b}^{(l)}} = \boldsymbol{I}_{M_l} \in R^{M_l \times M_l} \tag{10.38}$$

其中，$\boldsymbol{I}_{M_l}$ 为 $M_l \times M_l$ 的单位矩阵。

计算偏导数 $\dfrac{\partial L(y,\hat{y})}{\partial \boldsymbol{z}^{(l)}}$，偏导数 $\dfrac{\partial L(y,\hat{y})}{\partial \boldsymbol{z}^{(l)}}$ 表示第 l 层神经元对最终损失的影响，也反映了最终损失对第 l 层神经元的敏感程度，因此一般称为第 l 层神经元的误差项，用 $\delta^{(l)}$ 来表示：

$$\boldsymbol{\delta}^{(l)} = \frac{\partial L(y,\hat{y})}{\partial \boldsymbol{z}^{(l)}} \in R^{M_l} \tag{10.39}$$

误差项 $\delta^{(l)}$ 也间接反映了不同神经元对网络能力的贡献程度，从而比较好地解决了贡献度分配问题。

根据 $\boldsymbol{z}^{(l+1)} = \boldsymbol{W}^{(l+1)}\boldsymbol{a}^{(l)} + \boldsymbol{b}^{(l+1)}$，$\boldsymbol{a}^{(l)} = f_l(\boldsymbol{z}^{(l)})$，其中 $f_l(\cdot)$ 为按位计算的函数，因此有

$$\frac{\partial \boldsymbol{a}^{(l)}}{\partial \boldsymbol{z}^{(l)}} = \frac{\partial f_l(\boldsymbol{z}^{(l)})}{\mathrm{diag}(f_l \boldsymbol{z}^{(l)})} \in R^{M_l \times M_l} \tag{10.40}$$

因此，根据链式法则，第 l 层的误差项为

$$\begin{aligned}
\boldsymbol{\delta}^{(l)} &= \frac{\partial L(y,\hat{y})}{\partial \boldsymbol{z}^{(l)}} \\
&= \frac{\partial \boldsymbol{a}^{(l)}}{\partial \boldsymbol{z}^{(l)}} \frac{\partial \boldsymbol{z}^{(l+1)}}{\partial \boldsymbol{a}^{(l)}} \frac{\partial L(y,\hat{y})}{\partial \boldsymbol{z}^{(l)}} \\
&= \mathrm{diag}(f_l(\boldsymbol{z}^{(l)}))(\boldsymbol{W}^{l+1})^{\mathrm{T}} \boldsymbol{\delta}^{(l+1)} \\
&= f_l(\boldsymbol{z}^{(l)}) \odot ((\boldsymbol{W}^{l+1})^{\mathrm{T}} \boldsymbol{\delta}^{(l+1)}) \in R^{M_l}
\end{aligned} \tag{10.41}$$

其中，$\odot$ 是向量的点积运算符，表示每个元素相乘。

因此，第 l 层的误差项可以通过第 $l+1$ 层的误差项计算得到，这就是误差的反向传播 (BackPropagation，BP)。反向传播算法的含义是：第 l 层的一个神经元的误差项 (或敏感性) 是所有与该神经元相连的第 $l+1$ 层的神经元的误差项的权重和，然后，再乘上该神经元激活函数的梯度。

在计算出上面三个偏导数之后，$\dfrac{\partial L(y,\hat{y})}{\partial \boldsymbol{w}_{ij}^{(l)}}$ 可以写为

$$\begin{aligned}
\frac{\partial L(y,\hat{y})}{\partial \boldsymbol{w}_{ij}^{(l)}} &= \boldsymbol{I}_i(\boldsymbol{a}_j^{(l-1)})\boldsymbol{\delta}^{(l)} \\
&= [0,\cdots,\boldsymbol{a}_j^{(l-1)},\cdots,0][\boldsymbol{\delta}_1^{(l)},\cdots,\boldsymbol{\delta}_i^{(l)},\cdots,\boldsymbol{\delta}_{M_l}^{(l)}] \\
&= \boldsymbol{\delta}_i^{(l)} \boldsymbol{a}_j^{(l-1)}
\end{aligned} \tag{10.42}$$

其中，$\delta_i^{(l)} a_j^{(l-1)}$ 相当于向量 $\boldsymbol{\delta}^{(l)}$ 和向量 $\boldsymbol{a}^{(l-1)}$ 的外积的第 i、j 个元素。式 (10.42) 可以进一步改写为

$$\left[\frac{\partial L(y,\hat{y})}{\partial w_{ij}^{(l)}}\right]_{ij} = [\boldsymbol{\delta}^{(l)}(\boldsymbol{a}^{(l-1)})^{\mathrm{T}}]_{ij} \tag{10.43}$$

因此，$L(y,\hat{y})$ 关于第 l 层权重 $\boldsymbol{W}^{(l)}$ 的梯度为

$$\frac{\partial L(y,\hat{y})}{\partial w_{ij}^{(l)}} = \boldsymbol{\delta}^{(l)}(\boldsymbol{a}^{(l-1)})^{\mathrm{T}} \in R^{M_l \times M_{l-1}} \tag{10.44}$$

同理，$L(y,\hat{y})$ 关于第 l 层权重 $b^{(l)}$ 的梯度为

$$\frac{\partial L(y,\hat{y})}{\partial \boldsymbol{b}^{(l)}} = \boldsymbol{\delta}^{(l)} \in R^{M_l} \tag{10.45}$$

在计算出每一层的误差项之后，我们就可以得到每一层参数的梯度。因此，使用误差反向传播算法的深度神经网络训练过程可以分为以下三步：

步骤 1，前馈计算每一层的净输入 $\boldsymbol{z}^{(l)}$ 和激活值 $\boldsymbol{a}^{(l)}$，直到最后一层；

步骤 2，反向传播计算每一层的误差项 $\boldsymbol{\delta}^{(l)}$；

步骤 3，计算每一层参数的偏导数，并更新参数。

10.3.4 基于深度学习的网络模型

本小节将介绍三种被广泛应用的神经网络模型，包括 VGG16、SSD 以及 LPRNet。

（1）VGG16 分类模型。

VGG 模型适用于分类和定位任务，其名称来自牛津大学几何组 (Visual Geometry Group) 的缩写。根据卷积核的大小和卷积层数，VGG 共有 6 种配置，分别为 A、A-LRN、B、C、D、E，如图 10.10 所示，其中 D 和 E 两种是最为常用的 VGG16 和 VGG19。

VGG16 是由 5 层卷积层、3 层全连接层、softmax 输出层构成，层与层之间使用 max-pooling（最大化池）分开，所有隐层的激活单元都采用 ReLU 函数，如图 10.11 所示。具体信息如下：卷积–卷积–池化–卷积–卷积–池化–卷积–卷积–卷积–池化–卷积–卷积–卷积–池化–卷积–卷积–卷积–池化–全连接–全连接–全连接；通道数分别为 64，128，512，512，512，4096，4096，1000。卷积层通道数翻倍，直到 512 时不再增加。通道数的增加，使更多的信息被提取出来。全连接的 4096 是经验值，当然也可以是别的数，但是不要小于最后的类别。1000 表示要分类的类别数。用池化层作为分界，VGG16 共有 6 个块结构，每个块结构中的通道数相同。因为卷积层和全连接层都有权重系数，也被称为权重层，其中卷积层 13 层，全连接 3 层，池化层不涉及权重。所以共有 13+3=16 层。对于 VGG16 卷积神经网络而言，其 13 层卷积层和 5 层池化层负责进行特征的提取，最后的 3 层全连接层负责完成分类任务。

ConvNet Configuration					
A	A-LRN	B	C	D	E
11 weight layers	11 weight layers	13 weight layers	16 weight layers	16 weight layers	19 weight layers
input(224×224 RGB image)					
conv3-64	conv3-64 LRN	conv3-64 conv3-64	conv3-64 conv3-64	conv3-64 conv3-64	conv3-64 conv3-64
maxpool					
conv3-128	conv3-128	conv3-128 conv3-128	conv3-128 conv3-128	conv3-128 conv3-128	conv3-128 conv3-128
maxpool					
conv3-256 conv3-256	conv3-256 conv3-256	conv3-256 conv3-256	conv3-256 conv3-256 conv1-256	conv3-256 conv3-256 conv3-256	conv3-256 conv3-256 conv3-256 conv3-256
maxpool					
conv3-512 conv3-512	conv3-512 conv3-512	conv3-512 conv3-512	conv3-512 conv3-512 conv1-512	conv3-512 conv3-512 conv3-512	conv3-512 conv3-512 conv3-512 conv3-512
maxpool					
conv3-512 conv3-512	conv3-512 conv3-512	conv3-512 conv3-512	conv3-512 conv3-512 conv1-512	conv3-512 conv3-512 conv3-512	conv3-512 conv3-512 conv3-512 conv3-512
maxpool					
FC-4096					
FC-4096					
FC-1000					
softmax					

图 10.10　VGG 网络配置

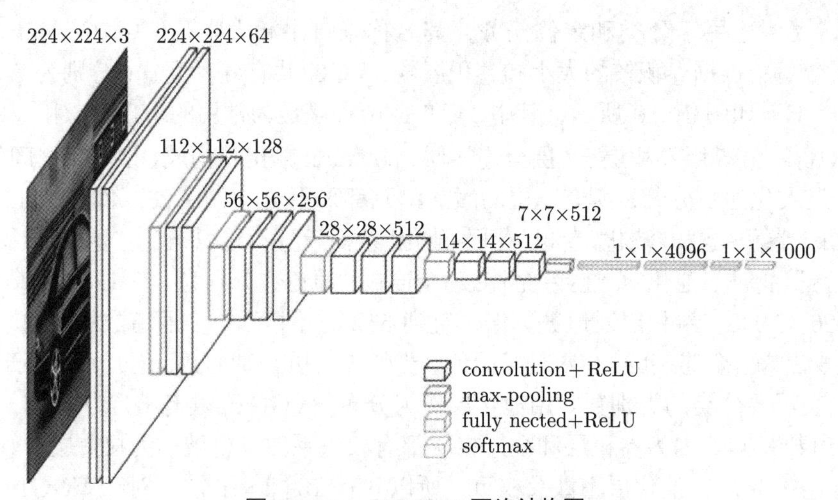

图 10.11　VGG16 网络结构图

VGG16 网络的具体实现过程为：

输入图像尺寸为 $224\times224\times3$ 像素，经 64 个通道为 3 的 3×3 的卷积核，步长为 1，padding=same 填充，卷积两次，再经 ReLU 激活，输出的尺寸大小为 $224\times224\times64$ 像素；

经 max-pooling（最大化池），滤波器为 2×2，步长为 2，图像尺寸减半，池化后的尺寸变为 $112\times112\times64$ 像素；

经 128 个 3×3 的卷积核，两次卷积，ReLU 激活，尺寸变为 $112\times112\times128$ 像素；

经 max-pooling 池化，尺寸变为 $56\times56\times128$ 像素；

经 256 个 3×3 的卷积核，三次卷积，ReLU 激活，尺寸变为 $56\times56\times256$ 像素；

max-pooling 池化，尺寸变为 $28\times28\times256$ 像素；

经 512 个 3×3 的卷积核，三次卷积，ReLU 激活，尺寸变为 $28\times28\times512$ 像素；

max-pooling 池化，尺寸变为 $14\times14\times512$ 像素；

经 512 个 3×3 的卷积核，三次卷积，ReLU，尺寸变为 $14\times14\times512$ 像素；

max-pooling 池化，尺寸变为 $7\times7\times512$ 像素；

然后 Flatten()，将数据拉平成向量，变成一维 $512\times7\times7=25088$ 像素；

再经过两层 $1\times1\times4096$ 像素，一层 $1\times1\times1000$ 像素的全连接层（共三层），经 ReLU 激活；

最后通过 softmax 输出 1000 个预测结果。

（2）SSD 目标检测模型。

SSD（Single Shot Multibox Detector）是一种单阶多层的目标检测模型，属于单阶段目标检测范畴里的一种主流框架，目前仍被广泛应用。SSD 从多个角度对目标检测做出了创新，结合了 Faster-RCNN 和 YOLO 各自的优点，使得目标检测的速度相比 Faster-RCNN 有了很大的提升，同时检测精度也与 Faster-RCNN 不相上下。

SSD 模型框架图如图 10.12 所示。

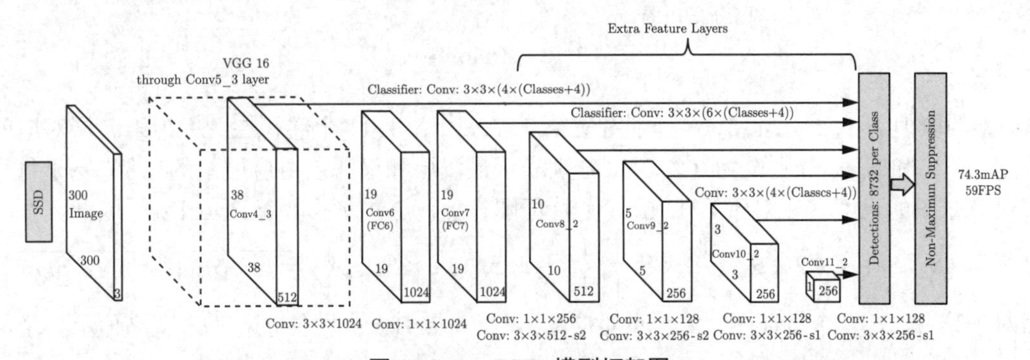

图 10.12　SSD 模型框架图

从图 10.12 中可以看到 SSD 的输入图像大小为 300×300 像素，主干采用 VGG16，但是在 VGG16 的基础上做了进一步的改进。VGG16 最后的 FC6 和 FC7 两个全连接层被换成了卷积层，同时为了提取更高语义的特征，在 VGG16 后又增加了多个卷积层，利用最后得到的特征图进行分类和回归的预测。SSD 分别在六张不同尺寸的特征图上 (layer[Conv4_3], layer[Conv7], layer[Conv8_2], layer[Conv9_2], layer[Conv10_2], layer[Conv11_2]) 进行卷积预测，各特征图的结果最终汇聚在一起，满足了不同尺寸目标的检测要求。

SSD 中提出了 PriorBox，PriorBox 是原图上一系列的矩形框，其作用类似于 Faster-RCNN 的 Anchors，即提供物体检测框的先验知识，让模型在先验知识的基础上进行学习修正。不同的是 Faster-RCNN 只在最终的特征图上使用 Anchor，而 SSD 在多个不同尺寸 (38×38像素, 19×19像素, 10×10像素, 5×5像素, 3×3像素, 1×1像素) 的六张特征图上生成 PriorBox，满足多尺度目标的检测；而且 Faster-RCNN 是在第一阶段对 Anchor 进行位置修正和筛选得到 proposal，再送入第二阶段的 RCNN 中进行分类和回归，SSD 直接将 PriorBox 作为先验的感兴趣区域，在同一阶段内完成分类和回归，这也是单阶段和双阶段的区别。

SSD 在选定的每张特征图上，以每个像素点的中心生成 4 个或者 6 个长宽比不一的同心长方形，如图 10.13 所示。这些长方形的长宽比是事先设定好的，其公式如下：

$$S_k = S_{\min} + \frac{S_{\max} - S_{\min}}{5}(k-1), k \in [1,6] \tag{10.46}$$

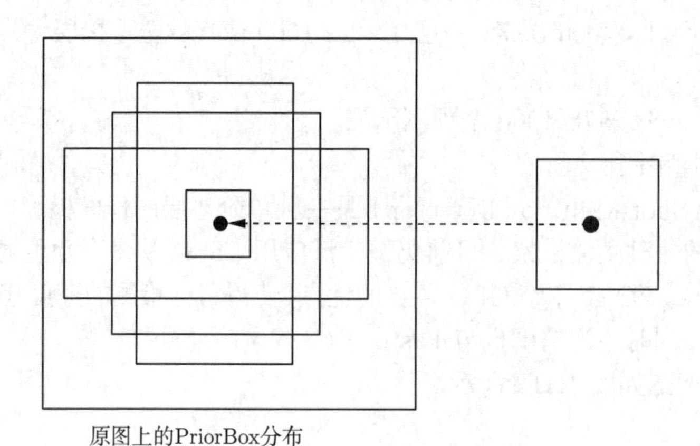

图 10.13 PriorBox

k 的取值为 $1,2,3,4,5,6$，分别对应第 $4,7,8,9,10,11$ 个卷积层。S_k 为第 k 层对应的尺度，$S_{\min}$ 和 $S_{\max}$ 分别设为 0.2, 0.9，分别表示最浅层和最深层对应原图的比例。基于每一层对应原图的尺度 S_k，对于第 1、5、6 个特征图，每个点对应了 4 个 PriorBox，因此其宽高分别为 $\{S_k, S_k\}, \left\{\sqrt{2} \times S_k, \frac{1}{\sqrt{2}} \times S_k\right\}, \left\{\frac{1}{\sqrt{2}} \times S_k, \sqrt{2} \times S_k\right\}, \left\{\sqrt{S_k \times S_{k+1}}, \sqrt{S_k \times S_{k+1}}\right\}$，而对于第 2、3、4 个特征图，每个点对应了 6 个 PriorBox，则在上述 4 个宽高值上再增加 $\left\{\sqrt{3} \times S_k, \frac{1}{\sqrt{3}} \times S_k\right\}, \left\{\frac{1}{\sqrt{3}} \times S_k, \sqrt{3} \times S_k\right\}$ 这两种比例的框。

生成 PriorBox 之后，分别利用 3×3 的卷积，即可得到每个 PriorBox 对应的类别和位置预测量。例如，第 8 个卷积层得到的特征图为 $10 \times 10 \times 512$ 像素，每个点对应 6 个 PriorBox，则一共有 $10 \times 10 \times 6 = 600$ 个 PriorBox，每个 PriorBox 有 21 个物体类别的可能性（以 PASCAL VOC 数据集为例）和 4 个位置参数，因此经过 3×3 卷积后，类别特

征维度为 $21\times6=126$，位置特征维度为 $4\times6=24$，即卷积后类别特征图为 $10\times10\times126$ 像素，位置特征图为 $10\times10\times24$ 像素。

经过以上步骤，可以得到所有 PriorBox 的预测结果，但每张图片上的真实目标数量是很少的，却生成了很多的 box，所以采用非极大抑制（Non Maximum Suppression，NMS）算法区分正负样本，去除冗余的 box。筛选出正、负样本之后，便可以计算样本带来的分类置信损失和定位损失。SSD 的最终损失是这两种损失的加权和：

$$L(x,c,l,g)=\frac{1}{N}(L_{\text{conf}}(x,c)+\alpha L_{\text{loc}}(x,l,g)) \tag{10.47}$$

其中，c 代表置信度；l 代表预测框；g 代表真实框；L_{conf} 是置信损失；L_{loc} 是定位损失。SSD 计算分类置信损失的时候采用交叉熵损失；计算定位损失时采用 Smoth-L1 损失。

（3）LPRNet 车牌识别模型。

LPRNet 车牌识别模块是由 Intel 员工在 2018 年提出的。LPRNet 基于深度卷积神经网络设计完成，该模型能实现端对端的训练，在复杂环境下识别速度快、准确率高、支持可变字符识别，并且足够轻量，可在大多数嵌入式设备上进行部署。

为了提高模型识别速度，LPRNet 主干网络仅由 3 个卷积层和 3 个基础卷积块（Small Basic Block）组成，每个基础卷积块模块含有 4 个卷积层，主干网络共有 15 个卷积层和 3 个池化层，并添加了 Dropout 优化方法正则化方法，防止网络训练过拟合。表 10.3 为主干网络结构，其中随即失活操作中的“0.5”表示失活概率为 0.5。表 10.4 为基本小卷积块结构，其中“$C_{\text{out}}/4$”表示输入通道数缩减为上一层输出通道数的 25%；“strideh=1”表示卷积核在高度方向滑动步长为 1；“stridew=1”表示卷积核在宽度方向滑动步长为 1；“padh=1”表示在输入图像的高度方向两边各增加 1 个单位长度；“padw=1”表示在输入图像的宽度方向两边各增加 1 个单位长度。

表 10.3 LPRNet 主干网络结构

阶段	模块	特征图分辨率	输入通道数	卷积核大小	步长
输入图像		$H\times W$	3		
卷积层	Convolution	$H\times W$	64	3×3	1
最大池化层	Max-Pooling	$H\times W$	64	3×3	1
基本卷积块	Small Basic Block	$H\times W$	128	3×3	1
最大池化层	Max-Pooling	$H\times W/2$	64	3×3	2,1
基本卷积块	Small Basic Block	$H\times W/2$	256	3×3	1
基本卷积块	Small Basic Block	$H\times W/2$	256	3×3	1
最大池化层	Max-Pooling	$H\times W/4$	64	3×3	2,1
随即失活层	Dropout	$H\times W/4$	64	0.5	
卷积层	Convolution	$H\times W/4$	256	4×1	1
随即失活层	Dropout	$H\times W/4$	256	0.5	
卷积层	Convolution	$H\times W/4$	类别数	1×13	1

表 10.4 基本小卷积块结构

阶段	特征图分辨率	输入通道数	卷积核大小	步长
输入层	$H \times W$	C_{in}		
卷积层	$H \times W$	$C_{\text{out}}/4$	1×1	1
卷积层	$H \times W$	$C_{\text{out}}/4$	3×1	strideh=1, padh=1
卷积层	$H \times W$	$C_{\text{out}}/4$	1×3	stridew=1, padw=1
卷积层	$H \times W$	C_{out}	1×1	1
输出层	$H \times W$	C_{out}		

为了在不用字符分割的前提下解决输入编码和输入序列未对齐且长度变化的问题，采用 CTC 损失函数来完成端到端的训练。CTC 损失函数可由如下公式表示：

$$L_{\text{CTC}}(X, W) = \sum_{C:k(C)=w} P(C|X) = \sum_{C:k(C)=w} \prod_{t=1}^{T} P(C_t|X) \tag{10.48}$$

在已经输入 X 的条件下，W 的概率是由路径 C 在 K 变换后得到的，时刻用下标 t 来表示。也就意味着对组合字符与路径的概率进行求和处理，最后求和后的负对数函数即为 CTC 损失。在推理阶段使用集束搜索得到概率最大的解码输出序列。

参考文献

[1] 冈萨雷斯. 数字图像处理 [M]. 北京: 电子工业出版社, 2011.
[2] 景晓军. 图像处理技术及其应用 [M]. 北京: 国防工业出版社,2005.
[3] 张铮, 徐超, 任淑霞, 等. 数字图像处理与机器视觉 [M]. 北京: 人民邮电出版社, 2014.
[4] 姚敏, 等. 数字图像处理 [M]. 3 版. 北京: 机械工业出版社, 2017.
[5] 孙青, 刘智勇. 基于朴素贝叶斯分类模型的车型识别方法 [J]. 五邑大学学报 (自然科学版), 2008(03): 22-25.
[6] 贾永红. 数字图像处理 [M]. 4 版. 武汉: 武汉大学出版社, 2023.
[7] 齐敏, 李大健, 郝重阳. 模式识别导论 [M]. 北京: 清华大学出版社, 2009.
[8] 邱锡鹏. 神经网络与深度学习 [M]. 上海: 复旦大学出版社, 2020.
[9] 赵英彬. 基于深度学习的车牌识别技术的研究与应用 [D]. 上海: 东华大学, 2019.

第四部分　综合案例

第 11 章

答题卡识别

CHAPTER 11

11.1 相关背景

为了阅卷的方便与准确，人们开始研究如何使用计算机来代替人工进行阅卷。随着技术发展，越来越多的考试开始使用统一制式的答题卡记录考生答案，答题卡配套产品已日趋完善，从答题卡的设计、识别答题卡的光标机以及相关软件等各方面均有了较成熟方案。而从数字图像处理角度来看，基于计算机视觉的答题卡识别是一项涉及多种理论知识、算法应用、程序编写的教学案例。

因此，本案例以选项答题卡为研究对象，设计并实现答题卡识别程序，主要涉及图像分割、数字形态学处理、模式识别等数字图像处理的一系列知识。通过图像处理技术，程序能够检验并识别考生准考证号以及答案选项与标准答案差别，进而计算正确率。本案例同时展示了解决实际问题的 MATLAB 编程思路与方法，灵活应用 MATLAB 语言特性及内置函数，使程序代码简洁高效。

11.2 算法设计

在实际场景中，答题卡的种类样式有很多，本案例选择如图 11.1 所示已经过扫描的答题卡作为研究样例，介绍答题卡识别编程实现过程。

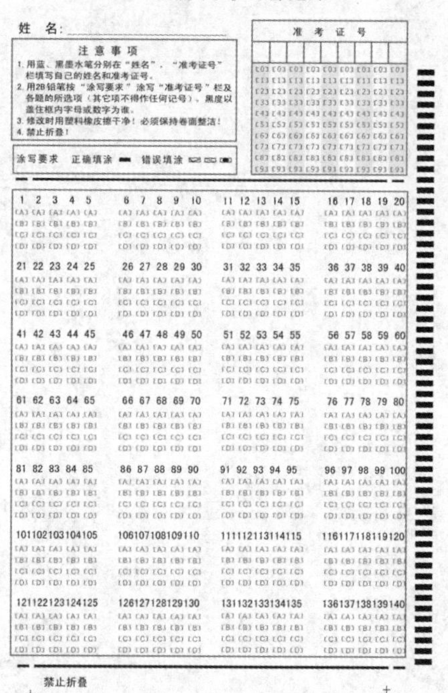

图 11.1 答题卡样例

在答题卡中，我们关注的重点主要包括考生准考证号以及作答区，如图 11.2 所示。对于准考证号区，考生需填涂 11 位数字，程序一方面需识别出考生填涂是否正确，即不漏涂、不多涂，另一方面要识别出考生填涂准考证号作为该考生标识；对于作答区，将考生填涂结果与标准答案进行比对，在此基础上可划分不同分值区域，做更细致的定制。

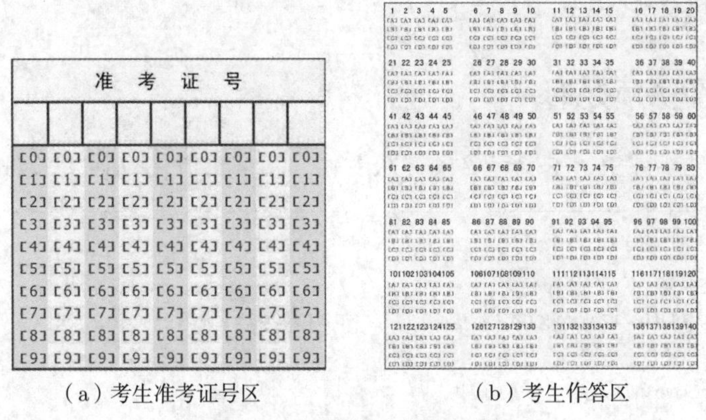

（a）考生准考证号区　　　　（b）考生作答区

图 11.2　答题卡关键区域

因此在本案例程序以经过扫描处理的答题卡作为输入，以考生准考证号与答题准确率为输出，采用 MATLAB 语言编写答题卡识别程序，主要流程如图 11.3 所示。

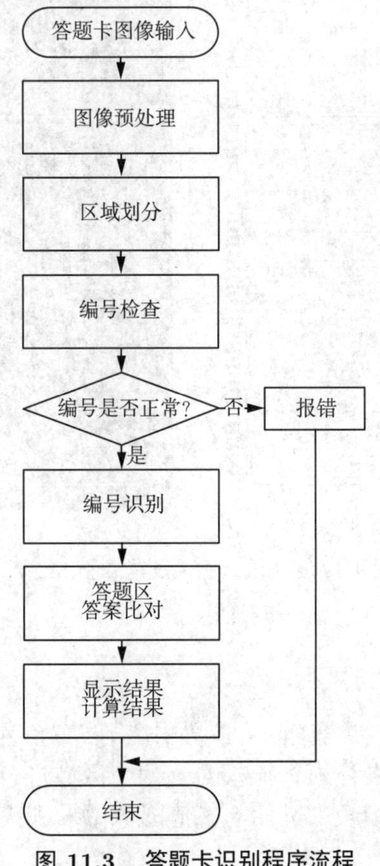

图 11.3　答题卡识别程序流程

下面介绍程序实现过程中的各个步骤。

11.3　算法实现

11.3.1　图像预处理

在图像预处理步骤中，主要包含图像灰度化、图像二值化，其结果如图 11.4 所示。

```
I = imread('sheet.jpg');
Igray = rgb2gray(I);
Ibw = 1-imbinarize(Igray, graythresh(Igray));

figure; imshow(I);
figure; imshow(Igray);
figure; imshow(Ibw);
```

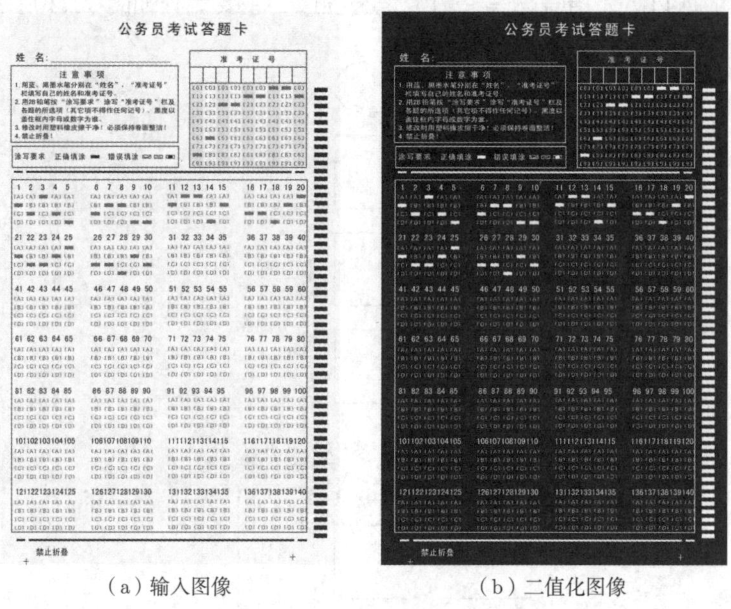

（a）输入图像　　（b）二值化图像

图 11.4　输入图像及其二值化结果

11.3.2　区域划分

对于同一批次答题卡，主要考查内容位置固定不变，在本案例中，主要考查考生准考证号与答题区域，因此考虑设计模板掩模对这两个区域进行提取。采用 imcrop 函数获取区域坐标，生成 0-1 掩模模板，进而与二值图像做乘法获取相关区域，结果如图 11.5 所示。

```
I = imread('sheet.jpg');
% 区域坐标存储在rect_id与rect_ans中
[Iid, rect_id] = imcrop(I);
[Ians, rect_ans] = imcrop(I);

% 生成掩模模板
Iz = zeros(size(Ibw));
Iz(rect_id(2):rect_id(2)+rect_id(4), rect_id(1):rect_id(1)+rect_id(3))
    = 1;
Iz(rect_ans(2):rect_ans(2)+rect_ans(4), rect_ans(1):rect_ans(1)+rect_
   ans(3)) = 1;

% 提取相关区域
Irect = Iz.*Ibw;

figure; imshow(Iz);
figure; imshow(Irect);
```

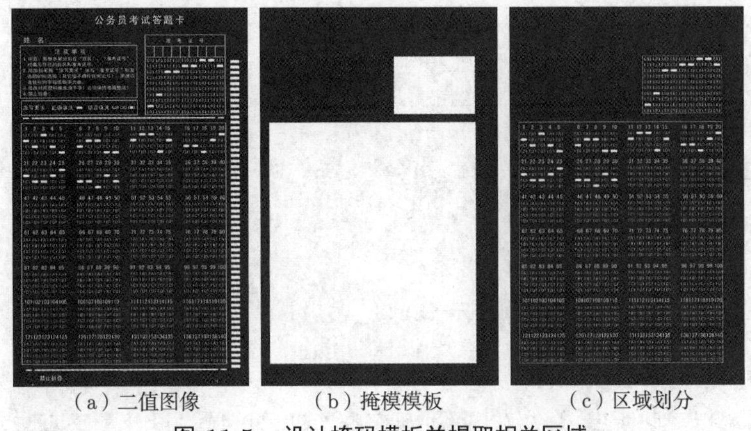

（a）二值图像　（b）掩模模板　（c）区域划分

图 11.5　设计掩码模板并提取相关区域

由图 11.5 可见，为了获取考生涂卡信息，需排除点、线干扰，仅保留涂抹情况，可采用数学形态学处理中的开运算操作实现，结果如图 11.6 所示。

```
% 设定结构元素执行开运算
SE = strel('rectangle', [8, 6]);
Iopen = imopen(Irect, SE);

figure; imshow(Irect);
figure; imshow(Iopen);
```

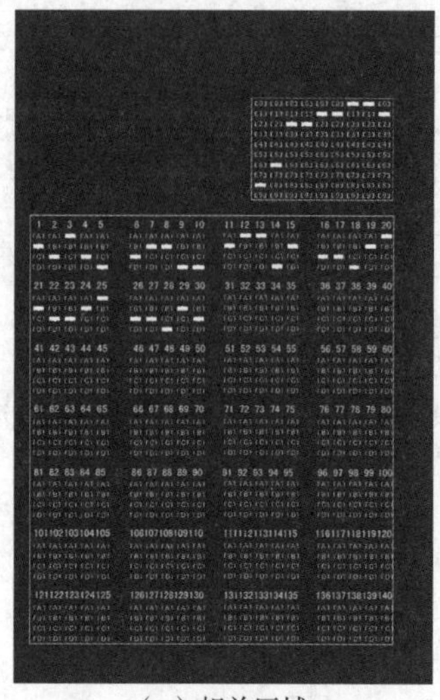

（a）相关区域

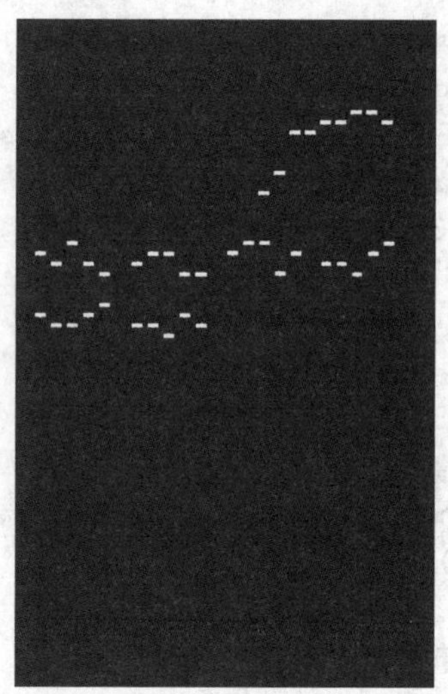

（b）开运算结果

图 11.6　开运算获取涂卡情况

11.3.3　准考证号识别

在准考证号识别阶段，首先截取准考证号区域，然后对准考证号位数进行检查，是否存在填涂错误的情况。

```
% 截取准考证号区域
I_id = Iopen(rect_id(2):rect_id(2)+rect_id(4)-1,rect_id(1):rect_id(1)+
    rect_id(3)-1);

% 检查连通区域数量
[~, num_id] = bwlabel(imbinarize(I_id));
assert(num_id == id_num, '准考证号错误,请确认');
```

为了识别填涂区域所表示数字，通过观察准考证号区域，设计了垂直与水平方向的模板。其中垂直方向用以识别号码位数，而水平方向用以识别号码为几。在构建模板过程中，运用 MATLAB 矩阵索引方法以及 repmat 扩展函数生成矩阵模板。准考证号区域及其对应模板如图 11.7 所示。

```
% 准考证号格式
id_num = 9;                     % [1-9]
id_index_num = 9;               % [0-9]

% 垂直方向模板
id_ele = 1:id_num;
id_num_map = repmat(id_ele, rect_id(3)/id_num, 1);
id_eles_ = id_num_map(:)';
```

```
id_map1 = repmat(id_eles_, rect_id(4), 1);

% 水平方向模板
id_ele = 0:id_index_num;
id_index_map = repmat(id_ele, rect_id(4)/(id_index_num+1), 1);
id_eles_ = id_index_map(:);
id_map2 = repmat(id_eles_, 1, rect_id(3));

figure; imshow(I_id);
figure; imshow(id_map1, []);
figure; imshow(id_map2, []);
```

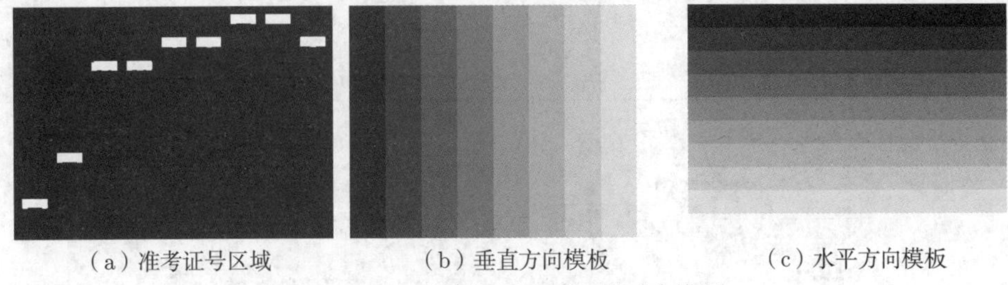

（a）准考证号区域　（b）垂直方向模板　（c）水平方向模板

图 11.7　准考证号区域及其对应模板

在此基础上，获取填涂准考证号所得到的连通区域的几何中心坐标，然后以索引形式直接由垂直模板与水平模板得到所对应数值，进而识别出考生准考证号。其中，获取连通区域的几何中心坐标采用 regionprops 函数，该函数功能十分丰富，是 MATLAB 图像处理工具箱的重要函数之一。

```
% 填涂的几何中心坐标
centr = regionprops(imbinarize(I_id), 'centroid');
I_id_xy = round(cat(1, centr.Centroid));

% 提取填涂位置识别号码
id_Index = id_num_map(I_id_xy(:,1));
id_Num = id_index_map(I_id_xy(:,2));
Stu_id = zeros(1, id_num);
Stu_id(id_Index) = id_Num;

% 输出准考证编号
Stuid_str = string(Stu_id(1));
for i = 2: id_num
    Stuid_str = strcat(Stuid_str, string(Stu_id(i)));
end
fprintf('考生准考证编号为:%s\n', Stuid_str)
```

```
>>
>> 考生准考证编号为:862211001
>>
```

11.3.4 答题区域识别

对于答题区域，可导入标准答案答题卡作为模板，直接与考生答案进行比对分析。如图 11.8 所示，在同样扫描情况下，标准答案与考生答题卡在答案填涂区域样式一致。

```
% 导入标准答案
I_sheet_ans = imread('sheet_ans.jpg');

figure; imshow(I);
figure; imshow(I_sheet_ans);
```

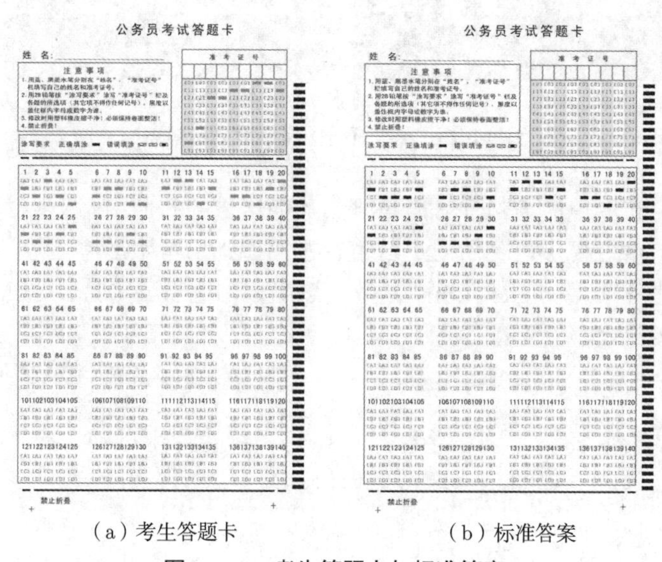

(a) 考生答题卡　　(b) 标准答案

图 11.8　考生答题卡与标准答案

在此基础上，对标准答案做同样预处理及区域划分处理，得到标准答案填涂区域。由于考生答题卡与标准答案均为 0-1 二值图像，因此可基于逻辑运算直接识别出考生作答正确与否，进而得到作答情况，如代码所示。

```
% 导入标准答案
I_sheet_ans = imread('sheet_ans.jpg');

% 预处理步骤
I_i = rgb2gray(I_sheet_ans);
I_i = 1-imbinarize(I_i, graythresh(I_i));
```

```
    I_i = Iz.*I_i;
    I_i = imopen(I_i, SE);

    % 答题区域划分
    I_ans = Iopen(rect_ans(2):rect_ans(2)+rect_ans(4)-1, rect_ans(1):rect_
        ans(1)+rect_ans(3)-1);
    I_ans_g = I_i(rect_ans(2):rect_ans(2)+rect_ans(4)-1, rect_ans(1):rect_
        ans(1)+rect_ans(3)-1);

    figure; imshow(I_ans);
    figure; imshow(I_ans_g);

    % 获取考生简要答题情况
    [~, ng] = bwlabel(imbinarize(I_ans_g));
    [~, n] = bwlabel(imbinarize(I_ans_g.* I_ans));

    fprintf('共有%i 题, %i 题答案正确.\n', ng, n);

>>
>> 共有30 题, 22 题答案正确.
>>
```

同样，可基于逻辑运算获取考生的错误答案，并依次对逻辑运算结果做腐蚀与膨胀处理，用以去除残留部分的干扰以及放大错误填涂结果。采用 regionprops 函数获取错误结果的外接矩形，并采用 rectangle 函数绘制矩形边框对考生的错误结果进行标识。考生答案、标准答案以及考生错误标记结果如图 11.9 所示，为了方便展示，对答题区域进行简单裁剪处理。

```
    I_ans_mask = I_ans;
    I_ans_mask(I_ans == I_ans_g) = 0;

    SE1 = strel('disk', 5);
    I_ans_mask = imerode(I_ans_mask, SE1);  % 去除填涂干扰
    SE2 =  strel('disk', 11);
    I_ans_mask = imdilate(I_ans_mask, SE2); % 获取更大区域以方便标识

    stats = regionprops(imbinarize(I_ans_mask), 'BoundingBox');
                                                    % 获取外接矩形

    figure; imshow(I_ans, 'border', 'tight');
    hold on;
    for i = 1:length(stats)
        rectangle('Position', stats(i).BoundingBox, 'EdgeColor', 'w',
            'LineWidth', 1);
```

```
    end
    hold off;
```

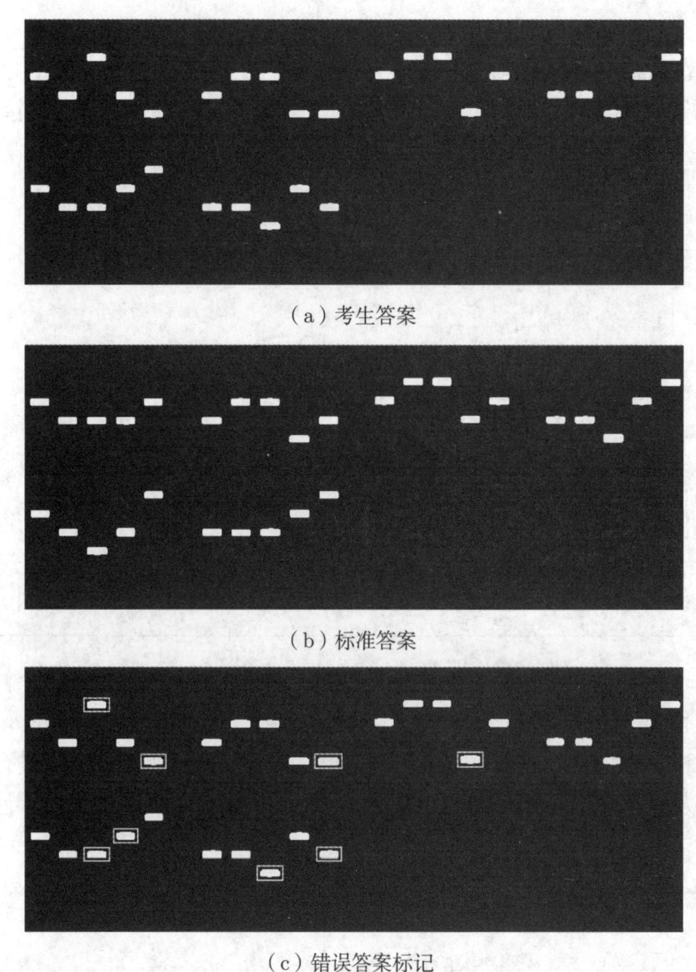

（a）考生答案

（b）标准答案

（c）错误答案标记

图 11.9　考生答案、标准答案与考生错误答案标记

11.4　扩展阅读

在本案例中，设计编写的答题卡识别程序能够实现预设目标，但还有一些功能需要进一步完善和提高。为了进一步应对更复杂的现实情况，相关程序模块有待进一步设计与实现。

（1）针对考生答题区域，一方面，可参考准考证号识别部分程序思路，为每道题赋予不同分值，进而更准确地反映学生成绩；另一方面，同样可记录考生的具体选项，供教师有针对性地分析学生错误的原因，总结学生对理论知识的理解情况。

（2）当前假设情况为扫描后答题卡已经被校正角度成标准角度，即长边竖直而短边水平。在此基础上可放宽约束，假设扫描时答题卡可随意摆放，那么就需要在预处理步骤中加入角度校正步骤。更进一步，若以拍照方式扫描答题卡，那么还将涉及视角校正，如采用仿射变换操作将答题卡调整为标准角度。

（3）本案例仅关注选择题形式的答题卡，而未考虑手写答卷部分。在之后可进一步增添相关程序，如估算字数、提高字符清晰度等辅助阅卷工具，以及实现更进一步的手写字符识别、自然语言理解等功能。

第12章

基于图像分割的车牌定位与识别

CHAPTER 12

12.1　相关背景

车牌自动识别是现代社会智能交通系统的重要组成部分，其中涉及数字图像处理以及模式识别技术。车牌识别一般包括以下三个主要步骤：车牌区域定位、车牌字符分割、车牌字符识别。各个步骤均有相关数字图像处理技术对应，是数字图像处理的典型应用与实践场景。

因此，本案例以汽车拍照图像为研究对象，设计并实现车牌定位与识别程序。具体地，首先通过对车牌图像进行灰度变换、阈值分割、数学形态学处理等预处理操作，实现车牌区域定位；然后对车牌字符做分割操作，提取车牌字符与标准字符库进行比对，从而对车牌进行识别。对比方法采用模板匹配法，将提取的车牌字符图像与标准字符图像进行匹配以得到对应车牌字符的具体信息。本案例同时展示了解决实际问题的 MATLAB 编程思路与方法，除了对 MATLAB 内置函数的灵活运用，还包含依据数学规则操作图像的实现过程，以及对文件及文件夹操作的相关演示。

12.2　算法设计

在车牌识别的实际应用场景中，车牌识别系统通过自动栏杆以及工作人员的配合，辅以补光及固定角度等手段，一般能够获取角度较好、光线较好的机动车图像。对于包含车牌的机动车图像，车牌识别首先需要定位车牌位置，鉴于我国对汽车牌照有统一规定，因此可以此为出发点确定车牌定位依据；然后根据定位信息截取完整车牌图像，再对车牌图像加以处理以方便字符提取；最后需要对完整车牌图像按字符划分逐一识别，进而实现车牌识别。综上，车牌定位与识别以数字图像处理、模式识别等技术为基础，通过对原始输入图像进行预处理、区域划分、图像裁切、字符分割、模板匹配等操作，输出车牌号码，主要流程如图 12.1 所示。

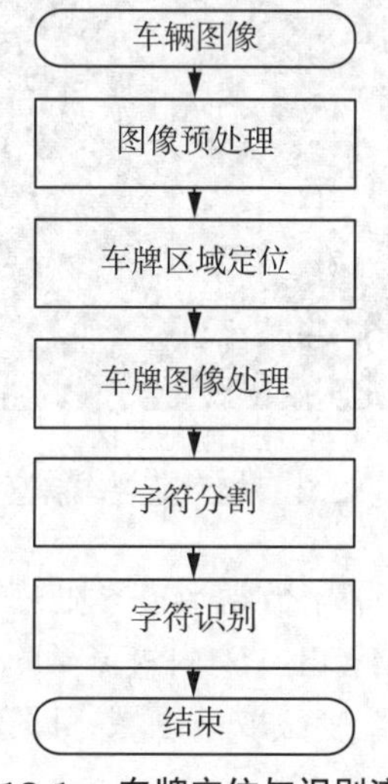

图 12.1　车牌定位与识别流程

下面介绍程序实现过程中的各个步骤。

12.3 算法实现

12.3.1 车牌区域定位

车牌信息是车辆独一无二的标识，并且具有非常标准化的设计，以颜色为例，常见车牌底色包括蓝色、黄色、白色以及近年来逐渐增多的新能源绿色。在本案例中，以蓝色车牌为例编程实现车牌定位与识别，因此在这一步骤中，主要采用蓝色作为车牌区域判定依据，进而构建合适阈值公式分割输入图像。其结果如图 12.2 所示。

```
I = imread('辽A5VG36.jpg');
I = imresize(I, [320, 480]);
% RGB color space
Ir = I(:,:,1);
Ig = I(:,:,2);
Ib = I(:,:,3);
% Accent blue
I_diff_b = double(abs(1.6*Ib - Ir - Ig));
I_diff = uint8(I_diff_b*(255/max(I_diff_b(:))));
Ibw = imbinarize(I_diff);

figure, imshow(I);
figure, imshow(I_diff);
figure, imshow(Ibw);
```

（a）输入图像

（b）凸显蓝色区域

（c）蓝色区域二值化结果

图 12.2 检测蓝色车牌区域

然后，构建合适的元素结构，采用数学形态学处理中的闭运算对车牌区域填充并修补边缘，进而得到车牌区域。采用 MATLAB 内置函数 regionprops 函数求取该区域的最小外接矩形，进而使用 imcrop 函数直接截取该区域，即车牌区域。结果如图 12.3 所示。

```
se1 = strel('square', 17);
Ibwregion = imclose(Ibw, se1);

bbox = regionprops(Ibwregion, 'BoundingBox');
I_rect = imcrop(I, bbox.BoundingBox);

figure, imshow(I);
figure, imshow(Ibwregion);
figure, imshow(I_rect);
```

(a) 输入图像

(b) 车牌区域

(c) 截取车牌区域

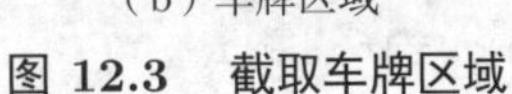

图 12.3　截取车牌区域

12.3.2　车牌图像处理

在得到车牌区域图像基础上，选择合适阈值对其进行二值化使得字符与背景能够分割开来。与此同时，采用 imclose 函数以及 imclearborder 函数对字符分割图像进行后处理，去除额外的孔洞区域并清理远离主要连通区域的干扰边界，结果如图 12.4 所示。

```
I_rect = rgb2gray(I_rect);
I_rect_bw =imbinarize(I_rect);

se2 = strel('square', 2);
I_rect_bw = imclose(I_rect_bw, se2);

Irbwcl = imclearborder(I_rect_bw);

figure, imshow(I_rect);
figure, imshow(I_rect_bw);
figure, imshow(Irbwcl);
```

（a）车牌图像　　（b）车牌图像二值化　　（c）车牌图像清理

图 12.4　车牌图像处理

12.3.3　字符分割

在字符分割步骤，对车牌图像进行进一步切分，将每个字符提取出来。首先采用投影法将每列图像灰度值做加和处理，绘制灰度值曲线，并采用 findpeaks 函数求取曲线极值点，依据极值点位置判定字符起始与结束位置，进而实现字符分割，同时去除车牌中的原点标识。在此基础上，对每个字符采取同样操作，切除其上下黑色冗余，结果如图 12.5、图 12.6 所示。

```
rvsum = sum(Irbwcl*1, 1);
rvsum = smooth(rvsum, 5);
rvsuml = (rvsum>2)*1;

[~, locs] = findpeaks(abs(diff(rvsuml)));

figure, plot(rvsum, 'LineWidth', 1);
figure, plot(rvsuml, 'LineWidth', 1);
figure, findpeaks(abs(diff(rvsuml)));

[~, n] = size(Irbwcl);

figure;
i = 1;
for sign = 1: 2: length(locs)
    if sum(rvsum(locs(sign)+1:locs(sign+1)+1))/(locs(sign+1)-locs(sign
        )) > 5
        I_ele = Irbwcl(:, locs(sign):locs(sign+1)+1);

        I_ehsum = sum(I_ele*1, 2);
        I_ehsuml = (I_ehsum>2)*1;
        [~, l] = findpeaks(abs(diff(I_ehsuml)));
        I_ele = I_ele(l(1): l(length(l)), :);
        I_ele = padarray(I_ele, [0, 5], 0, 'both');
        word{i} = imresize(I_ele, [40, 20]);
        subplot(1,7, i), imshow(word{i});
        i = i+1;
        if i == 8
            break
        end
```

```
    end
end
```

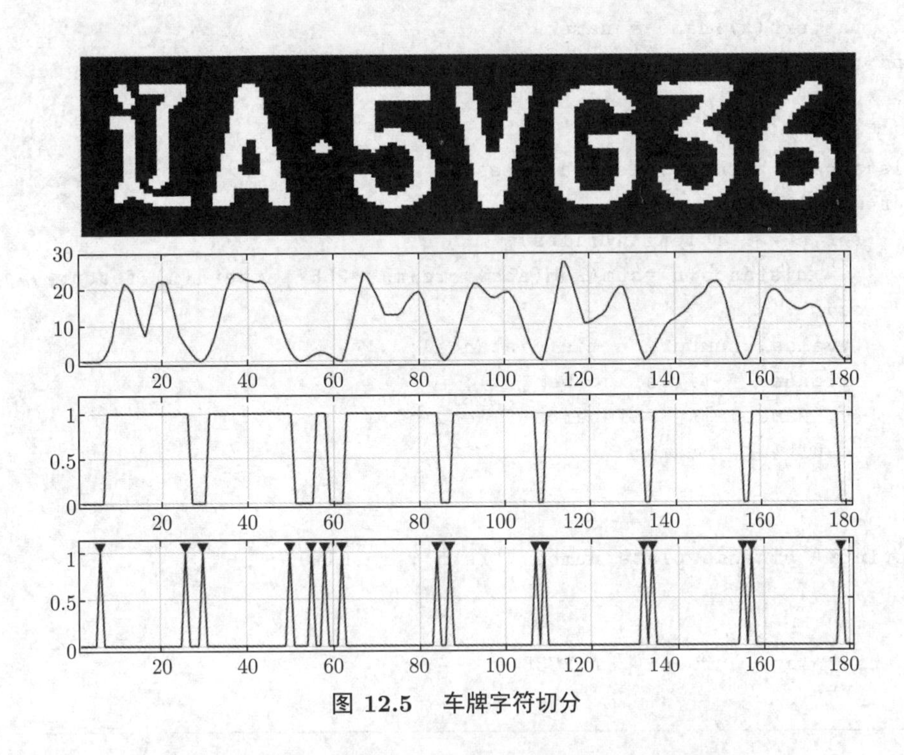

图 12.5 车牌字符切分

图 12.6 车牌字符子图

12.3.4 字符识别

在本案例中，采用模板匹配方法对车牌字符进行识别，这是由于车牌字符已有标准，由对应各个省简称的汉字、英文字母以及阿拉伯数字构成。在实际操作中通过对字符与标准字符进行对比得到对应的字符结果，并输出车牌字符串，结果如下所示。

```
% 构建标准字符模板
pattern = [];
dirpath = fullfile(pwd, 'standard/*.bmp');
files = ls(dirpath);
for t = 1 : length(files)
    filenamet = fullfile(pwd, 'standard', files(t,:));
    [~, name, ~] = fileparts(filenamet);
```

```
        imagedata = imread(filenamet);
        imagedata = imagedata(:,:,1);
        pattern(t).feature = double(imagedata);
        pattern(t).name = name;
    end

    % 字符模板匹配
    distance = zeros(1, length(files));
    for m = 1 : 7
        for n = 1 : length(files)
            distance(n)=sum(sum(abs(word{m}.*255-pattern(n).feature)));
        end
        [yvalue,xnumber] = min(distance);
        filename = files(xnumber, :);
        [~, name, ~] = fileparts(filename);
        result(m) = name;
    end

    fprintf('License plate number: %s\n', result) ;

>>
>> License plate number: 辽A5VG36
>>
```

12.4 扩展阅读

近年来，随着社会经济的高速发展以及全面脱贫的实现，汽车数量急剧增加，对相关车辆交通管理水平的要求也日益提高，自动化、智能化管理办法能够极大地提高管理效率，降低人工成本，而车牌识别技术正是实现这一要求的基础。在本案例中，设计编写的车牌定位与识别程序能够实现预设目标，但还有一些功能需要进一步完善和提高，以应对更复杂的现实情况。

（1）本案例依据颜色特征对车牌位置进行初步定位，但在一些复杂场景中，颜色特征容易受环境光干扰。因此，需要额外的辅助算法或者辅助手段来提高定位的准确率。其中比较简单的方案是在摄像头旁边架设补光灯对车牌进行额外照明，由于车牌的特殊设计，其具有较强的反射光效果，能够做到保证清晰的同时亮度远高于周围场景。

（2）为了应对实际场景，程序中可以加入用于视角校正的图像仿射变换模块，将倾斜视角的车牌图像映射为标准角度图像。

（3）除了模板匹配，还可以采用统计识别、神经网络等算法实现车牌字符识别。近年来，随着深度学习技术的发展，车牌字符识别的准确率已经能够达到无人值守的智能化标准。

第13章

基于深度学习的车牌识别

CHAPTER 13

13.1 相关背景

当车牌识别场景处于光线较暗、场景复杂的环境中，单纯依靠传统图像处理方法可能会出现车牌区域定位不准确、字符分割粘连等问题。在人工智能和大数据的背景下，深度学习快速发展并在技术上取得了重大突破，并逐步应用于车牌识别领域中。利用深度学习技术实现智能车牌识别，在车牌数据处理、车牌定位、字符识别以及在复杂场景识别方面，算法整体性能都有较大程度的提升，有效解决了前述问题，提高了车牌识别算法的泛化性和鲁棒性。

13.2 算法设计

本案例采用级联深度学习中目标检测和车牌识别模型的方法，设计实现了车辆牌照检测与识别。算法设计整体采用 PyTorch 深度学习框架设计构建，通过级联深度学习中的车牌目标检测模型和车牌识别模型实现对车牌和字符的识别。

算法实现分为模型训练和预测两个阶段。在模型训练阶段，采用车牌数据集训练车牌检测模型，用于车牌位置检测，另外采用包含字符标签信息的车牌数据集训练车牌识别模型，用于车牌字符识别。在预测阶段，将待识别车牌图片输入级联的模型中，首先通过车牌检测模型检测车牌位置区域，再将已检测出的车牌区域图片传入车牌识别模型实现对车牌上不同字符的识别，最终完成对车牌中具体字符的分类识别。相对于采用单一深度学习的车牌识别模型，本方案的优势在于可以提高对车牌目标区域检测的精确度，避免因目标区域检测不准确造成后续车牌识别模型性能的下降。主要设计过程如图 13.1 所示。

该车牌识别算法主要包括以下两部分。

（1）车牌位置检测。

车牌目标区域检测采用 SSD 目标检测模型实现，图 13.2 为车牌位置检测算法的流程。

图 13.1 车牌识别过程

将待检测图像经图像预处理调整大小后输入 SSD 目标检测模型，通过主干网络对车牌进行特征提取，在六个预测特征层上分别预测不同大小的目标。对于所有预测框，首先根据类别过滤属于背景的预测框，然后根据置信度阈值过滤掉阈值较低的预测框。对于留下的预测框采用非极大抑制算法过滤重叠度较大的预测框，最后剩余的预测框就是最终的车牌位置检测结果。

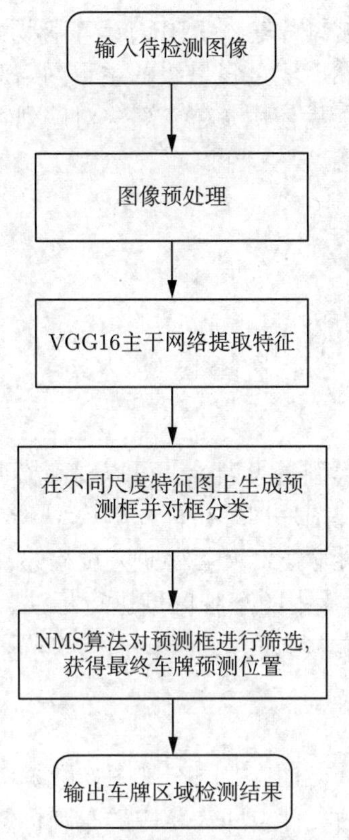

图 13.2　车牌位置检测算法的流程

（2）车牌字符识别。

车牌字符识别采用 LPRNet 车牌识别模型实现，图 13.3 为车牌字符识别算法的流程。

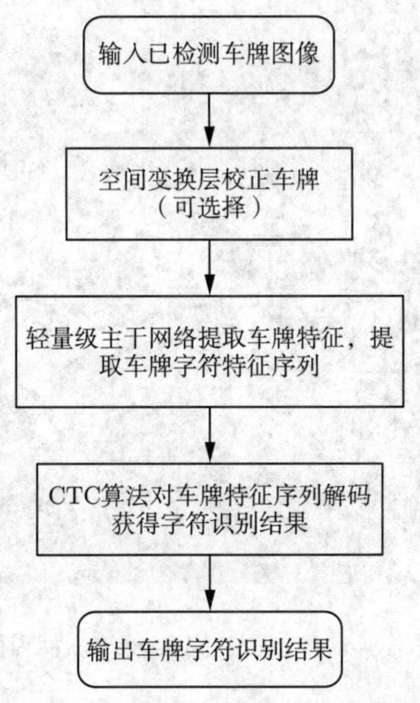

图 13.3　车牌字符识别算法的流程

将已检测出的车牌目标区域图片输入 LPRNet 车牌识别模型中，首先通过空间变换层对存在形变的车牌进行校正，然后经过轻量级的主干网络对校正后的车牌图片进行特征提取，生成车牌字符序列特征，最后使用 CTC 算法对序列特征解码，实现对车牌中字符的识别，输出最终的车牌识别结果。

13.3 算法实现

13.3.1 数据集

（1）车牌位置检测数据集。

利用大量数据对深度学习模型进行训练，可以提高模型的准确度和泛化能力。在车牌位置检测部分需要利用大量车牌图片训练目标检测模型。CCPD 数据集是一个用于车牌识别的大型国内数据集，由中国科学技术大学科研人员构建，分为训练集、验证集和测试集。通过 LabelIMG 标注软件对图片中的车牌区域进行标注，生成具有车牌位置和类别信息的.xml 文件，构建完整的车牌位置检测数据集。图 13.4 和图 13.5 分别为 LabelIMG 软件界面和.xml 文件信息。

（2）车牌字符识别数据集。

车牌字符识别采用开源的 CCPD 中国车牌图像数据集，该数据集中的图片虽然没有专门的标注文件，但每张图片的文件名即为相应的车牌标签，由分隔符“-”分割为不同信息，包括车牌区域、水平竖直角度、不同字符的映射代码等详细信息。

图 13.4 LabelIMG 标注软件界面

```
▼<annotation>
   <folder>car_plate</folder>
   <filename>2.jpg</filename>
   <path>[illegible]</path>
 ▼<source>
     <database>Unknown</database>
   </source>
 ▼<size>
     <width>2976</width>
     <height>3968</height>
     <depth>3</depth>
   </size>
   <segmented>0</segmented>
 ▼<object>
     <name>license</name>
     <pose>Unspecified</pose>
     <truncated>0</truncated>
     <difficult>0</difficult>
   ▼<bndbox>
       <xmin>907</xmin>
       <ymin>1571</ymin>
       <xmax>1487</xmax>
       <ymax>1808</ymax>
     </bndbox>
   </object>
 </annotation>
```

图 13.5　.xml 文件车牌标注信息

13.3.2　车牌位置检测

(1) SSD 模型介绍。

此阶段采用深度学习中的目标检测模型 SSD 进行车牌目标的检测和区域定位。首先将待检测车牌图像进行图像预处理，将其分辨率调整为 960×960 像素，输入 SSD 模型进行车牌位置检测。SSD 网络模型的特征提取网络是改进的 VGG16 分类网络，在 6 个不同特征层上预测不同尺度目标。

对于一张 $3 \times 960 \times 960$ 像素的车牌图像，经过 SSD 模型后得到 6 个不同尺度的特征图：$512 \times 120 \times 120$ 像素、$1024 \times 60 \times 60$ 像素、$512 \times 30 \times 30$ 像素、$256 \times 15 \times 15$ 像素、$256 \times 8 \times 8$ 像素和 $256 \times 4 \times 4$ 像素。对于这 6 个不同尺度特征图，该模型会对应在每个特征图上的每个特征点生成不同数目的先验框 (Anchor)，分别为 4、6、6、6、4、4。在不同尺度的特征图生成的先验框不仅数目不一样，而且大小和宽高比也不一样，具体设置如表 13.1 所示。最终该模型就获得了 $120 \times 120 \times 4 + 60 \times 60 \times 6 + 30 \times 30 \times 6 + 15 \times 15 \times 6 + 8 \times 8 \times 4 + 4 \times 4 \times 4 = 86270$ 个先验框。

表 13.1 先验框设置

特征层	特征图尺寸/像素	先验框数量/个	先验框尺度/像素
Conv4_3	120×120	4	96×96, 135×135, 135×67, 67×135
Conv7	60×60	6	192×192, 261×261, 271×135, 135×271, 332×110, 110×332
Conv8_2	30×30	6	355×355, 429×429, 502×251, 251×502, 615×205, 205×615
Conv9_2	15×15	6	518×518, 594×594, 733×366, 366×733, 897×299, 299×897
Conv10_2	8×8	4	681×681, 758×758, 963×481, 481×963
Conv11_2	4×4	4	844×844, 922×922, 1194×597, 597×1194

首先计算先验框与训练集中的目标真实框 (Ground Truth Box) 的交并比，然后与阈值 (0.5) 进行比较，筛选出正负样本框用于模型的训练、计算损失函数、更新网络模型权重参数。训练完成后，模型可进行目标的预测，首先根据模型输出的偏移量实现对先验框的回归，同时利用输出的目标类别置信度对预测框进行筛选，保留置信度大于设定阈值的预测框，最后通过非极大抑制算法过滤掉重叠度较大的框，得到最终的目标预测框。

（2）具体实现流程。

在算法实现方面，本案例采用 PyTorch 框架构建 SSD 模型，代码采用 https://github.com/amdegroot/ssd.pytorch。在利用数据集训练模型前，需调整学习率、batch_size 和 epoch 等参数，关键代码如下。

```
    parser = argparse.ArgumentParser(
    description='Single Shot MultiBox Detector Training With Pytorch')
train_set = parser.add_mutually_exclusive_group()
parser.add_argument('--dataset', default='VOC', choices=['VOC', 'COCO'],
                    type=str, help='VOC or COCO')
parser.add_argument('--dataset_root', default=VOC_ROOT,
                    help='Dataset root directory path')
parser.add_argument('--basenet', default='vgg16_reducedfc.pth',
                    help='Pretrained base model')
parser.add_argument('--batch_size', default=32, type=int,
                    help='Batch size for training')
parser.add_argument('--resume', default=None, type=str,
                    help='Checkpoint state_dict file to resume training
                        from')
parser.add_argument('--start_iter', default=0, type=int,
                    help='Resume training at this iter')
parser.add_argument('--num_workers', default=8, type=int,
                    help='Number of workers used in dataloading')
parser.add_argument('--cuda', default=True, type=str2bool,
                    help='Use CUDA to train model')
parser.add_argument('--lr', '--learning-rate', default=1e-3, type=float,
                    help='initial learning rate')
```

```
parser.add_argument('--momentum', default=0.9, type=float,
                    help='Momentum value for optim')
parser.add_argument('--weight_decay', default=5e-4, type=float,
                    help='Weight decay for SGD')
parser.add_argument('--gamma', default=0.1, type=float,
                    help='Gamma update for SGD')
parser.add_argument('--visdom', default=False, type=str2bool,
                    help='Use visdom for loss visualization')
parser.add_argument('--save_folder', default='weights/',
                    help='Directory for saving checkpoint models')
args = parser.parse_args()
```

在完成训练后保存训练权重，加载到 SSD 模型中，对模型进行测试，输出车牌目标预测框。如图 13.6（a）是一张车辆图像，图像预处理后将其分辨率调整为 960×960 像素，如图 13.6（b）所示，然后输入 SSD 模型进行车牌位置检测。检测结束后，对预测结果进行筛选，保留置信度大于阈值 (0.4) 的 6 个预测框，如图 13.6（c）所示。

（a）原始图像

（b）模型输入图像

（c）模型预测框

（d）最终检测结果

图 13.6　车牌位置检测

6 个预测框的置信度和坐标位置信息如表 13.2 所示。其中，第 1 列为类别，该模型为 2 分类，第 1 列为车牌类别，第 2 列为该类别的置信度，(x_1, y_1) 为预测框的左上角坐标位置，(x_2, y_2) 为预测框的右下角坐标位置。最后，通过非极大抑制算法过滤掉重叠度较大的预测框，保留一个最终目标预测框，再映射回原始图像中，作为最终的检测结果，如图 13.6（d）所示。

表 13.2 预测框结果

类别	置信度	x_1	y_1	x_2	y_2
1	0.97	263	481	537	633
1	0.90	265	479	540	634
1	0.83	264	479	541	477
1	0.68	265	478	540	478
1	0.49	269	484	538	484
1	0.45	258	486	538	624

图 13.7 展示了 SSD 模型对四种不同车辆图像的车牌位置检测结果。

（a）待检测车牌原图像

（b）车牌位置检测结果

图 13.7 车牌位置检测

13.3.3 车牌字符识别

（1）LPRNet 模型介绍。

在车牌识别部分采用 LPRNet 轻量级模型，相对于传统图像处理车牌识别方法，此模型无须对车牌中的字符预分割，支持车牌不定长字符的识别，具有实时性强、精度高的特点。LPRNet 模型由空间变换层（Spatial Transformer Layer）、轻量级主干网络和 CTC（Connectionist Temporal Classification）算法层组成。

空间变换层可解决输入车牌图像或特征图中的目标形变问题，可以为每个输入提供一种相对应的空间变换方式，包括缩放、旋转和仿射变换等。利用空间变换层实现对车牌图像空间位置的矫正，以提高后续网络对字符特征提取和字符识别的准确性。

轻量级主干网络仅由 3 个卷积层和 3 个基础卷积块组成，每个基础卷积块含有 4 个卷积层。整个网络共有 15 个卷积层和 3 个池化层，并添加了随机失活（Dropout）优化方法以防止网络训练过拟合。

CTC 是一种损失函数，它用来衡量输入的序列数据经过神经网络之后，和真实的输出相差有多少。CTC 是一种常用在语音识别、文本识别等领域的算法，可以保证模型实现端到端的训练。

（2）具体实现流程。

此案例中选用的 LPRNet 模型在 PyTorch 框架下构建,代码来源于 https://github.com/sirius-ai/LPRNet_Pytorch。准备好车牌数据集后，根据自己设置的路径更改代码载入数据路径，调整学习率、batch_size 和 epoch 等参数，便可开始训练模型。如下为训练过程的关键代码。

```
def get_parser():
    parser=argparse.ArgumentParser(description='parameters to train net')
    parser.add_argument('--max_epoch', default=15, help='epoch to train
        the network')
    parser.add_argument('--img_size', default=[94, 24], help='the image
        size')
    parser.add_argument('--train_img_dirs', default="~/workspace/
        trainMixLPR", help='the train images path')
    parser.add_argument('--test_img_dirs',default=" /workspace/testMixLPR",
        help='the test images path')
    parser.add_argument('--dropout_rate',default=0.5,help='dropout rate.')
    parser.add_argument('--learning_rate', default=0.1, help='base value
        of learning rate.')
    parser.add_argument('--lpr_max_len', default=8, help='license plate
        number max length.')
    parser.add_argument('--train_batch_size', default=128, help='training
        batch size.')
    parser.add_argument('--test_batch_size', default=120, help='testing
        batch size.')
    parser.add_argument('--phase_train', default=True, type=bool, help=
        'train or test phase flag.')
    parser.add_argument('--num_workers', default=8, type=int, help='Number
         of workers used in dataloading')
    parser.add_argument('--cuda', default=True, type=bool, help='Use cuda
        to train model')
    parser.add_argument('--resume_epoch', default=0, type=int, help=
        'resume iter for retraining')
    parser.add_argument('--save_interval', default=2000, type=int, help=
        'interval for save model state dict')
    parser.add_argument('--test_interval', default=2000, type=int, help=
        'interval for evaluate')
```

```
    parser.add_argument('--momentum', default=0.9, type=float, help=
        'momentum')
    parser.add_argument('--weight_decay', default=2e-5, type=float, help=
        'Weight decay for SGD')
    parser.add_argument('--lr_schedule', default=[4, 8, 12, 14, 16], help=
        'schedule for learning rate.')
    parser.add_argument('--save_folder', default='./weights/', help=
        'Location to save checkpoint models')
    parser.add_argument('--pretrained_model', default='', help='pretrained
        base model')
    args = parser.parse_args()
```

训练完成后保存权重文件，加载到 LPRNet 模型中，对模型进行测试，并将模型输出的车牌识别结果显示在输入图像中。图 13.8 为四种不同车辆的车牌在不同角度和环境下的识别结果。

图 13.8　LPRNet 车牌字符识别结果

测试过程的关键代码如下。

```
def get_parser():
    parser=argparse.ArgumentParser(description='parameters to train net')
    parser.add_argument('--img_size', default=[94, 24], help='the image
        size')
    parser.add_argument('--test_img_dirs', default=r"", help='the test
        images path')
    parser.add_argument('--dropout_rate', default=0, help='dropout rate.')
    parser.add_argument('--lpr_max_len', default=8, help='license plate
        number max length.')
    parser.add_argument('--test_batch_size', default=20, help='testing
        batch size.')
    parser.add_argument('--phase_train', default=False, type=bool, help='
        train or test phase flag.')
    parser.add_argument('--num_workers', default=0, type=int, help='Number
         of workers used in dataloading')
    parser.add_argument('--cuda', default=True, type=bool, help='Use cuda
        to train model')
    parser.add_argument('--show', default=False, type=bool, help='show
        test image and its predict result or not.')
```

```
    parser.add_argument('--pretrained_model', default=r'lprnet.pth', help=
        'pretrained base model')

    args = parser.parse_args()

    return args
```

13.3.4　扩展阅读

在人工智能和大数据的背景下，深度学习技术逐渐应用于车牌识别系统中，解决了基于传统图像处理方法实现的车牌识别系统稳定性差、易受环境干扰等问题。在本案例中，设计编写的车牌目标检测与识别能够达到预设目的，但还有一些功能需要进一步提高和完善，以应对不同环境和硬件需求。

本案例中采用的 SSD 目标检测模型整体参数量较大，不利于在嵌入式等硬件设备上的部署和实现，可以利用轻量级分类网络替换原始主干网络，加入量化、剪枝等模型压缩技术，减少网络整体参数，提高模型整体性能。

参考文献

[1] Liu W, Anguelov D, Erhan D, et al. SSD: Single shot multibox detector[C]. European Conference on Computer Vision. Springer, Cham, 2016,21-37.

[2] Xu Z, Yang W, Meng A, et al. Towards end-to-end license plate detection and recognition: A large dataset and baseline[C]. Proceedings of the European Conference on Computer Vision (ECCV). 2018, 255-271.

[3] Graves A, Fernández S, Gomez F, et al. Connectionist temporal classification: labelling unsegmented sequence data with recurrent neural networks[C]. Proceedings of the 23rd International Conference on Machine Learning. 2006, 369-376.

[4] Jaderberg M, Simonyan K, Zisserman A. Spatial transformer networks[J]. Advances in Neural Information Processing Systems, 2015, 28.